山东省高等教育名校建设工程课程改革教材

水利工程技术管理技能训练

主　编　杜守建　周长勇
副主编　杨永振　赵鲁斌
主　审　于纪玉　孙绪成

黄河水利出版社
·郑州·

内 容 提 要

本书为山东省高等教育名校建设工程重点建设专业——水利工程专业与水利水电工程管理专业课程改革系列教材之一，是本着高职教育的特色，依据山东省特色名校建设方案要求进行编写的。全书共分10个项目、13个参考工程实例。内容包括：水利工程技术管理技能训练基础知识、水库工程运行管理岗位认知训练、土石坝和混凝土坝的变形监测训练、土石坝和混凝土坝的渗流监测训练、水闸和溢洪道运行管理岗位认知训练、水闸自动启闭系统操作训练、河道和堤防工程管理岗位认知训练、水库和堤坝防汛抢险演练、水工监测工职业技能鉴定训练、闸门运行工职业技能鉴定训练等。内容范围广泛，实用性强。

本书可作为水利工程专业、水利水电工程管理专业的教学用书，也可作为水利水电建筑工程等专业和水利工程技术人员的参考用书，又可作为水工监测工、闸门运行工、土石维修工、河道修防工等水利行业特有工种资格培训教材及考试参考用书。

图书在版编目(CIP)数据

水利工程技术管理技能训练/杜守建，周长勇主编. —郑州：黄河水利出版社，2014.11 （2016.3 修订重印）

山东省高等教育名校建设工程课程改革教材

ISBN 978 - 7 - 5509 - 0973 - 1

Ⅰ.①水… Ⅱ.①杜…②周… Ⅲ.①水利工程 - 技术管理 Ⅳ.①TV

中国版本图书馆CIP数据核字(2014)第266845号

组稿编辑：王路平　电话：0371 - 66022212　E-mail：hhslwlp@163.com

出 版 社：黄河水利出版社

地址：河南省郑州市顺河路黄委会综合楼14层　邮政编码：450003

发行单位：黄河水利出版社

发行部电话：0371 - 66026940、66020550、66028024、66022620(传真)

E-mail：hhslcbs@126.com

承印单位：郑州一帆印务有限公司

开本：787 mm×1 092 mm　1/16

印张：10

字数：230千字　印数：2 001—5 000

版次：2015年2月第1版　印次：2016年3月第2次印刷

2016年3月修订

定价：22.00元

前 言

本书是依据山东省高等教育名校建设工程重点建设专业——水利工程专业和水利水电工程管理专业的人才培养方案和课程建设目标要求,并按照有关水利工程管理的新规范、新标准编写的。一方面,在吸收有关教材和技术文献资料精华的基础上,充实了新思想、新理论、新方法和新技术;另一方面,不过分苛求学科的系统性和完整性,强调理论联系实际,突出应用性。

水利工程技术管理技能训练是与水利工程专业和水利水电工程管理专业中的理论与实践相结合的必修核心课程——水利工程技术管理相配套的技能训练教材。本书的主要任务是使学生掌握水利工程的检查观测、养护修理、调度运行以及防汛抢险的基本操作技能,为从事水利工程技术管理工作及参加水工监测工、闸门运行工、土石维修工、河道修防工等水利行业特有工种资格培训及考试打下基础。

水利工程技术管理技能训练推行任务驱动、项目导向、“教、学、做”一体化的教学模式。本课程除要求学生掌握各种水工建筑物的日常运用和维护外,还着重培养学生掌握观测设备的结构、使用、观测等技能,能根据具体情况运用建筑物的加固措施和修理方法。因此,项目中列举了一些典型参考实例。

本书共包括10个项目、13个参考工程实例,主要内容包括水利工程技术管理技能训练基础知识、水库工程运行管理岗位认知训练、土石坝和混凝土坝的变形监测训练、土石坝和混凝土坝的渗流监测训练、水闸和溢洪道运行管理岗位认知训练、水闸自动启闭系统操作训练、河道和堤防工程管理岗位认知训练、水库和堤坝防汛抢险演练、水工监测工职业技能鉴定训练、闸门运行工职业技能鉴定训练等。

本书由山东水利职业学院和山东省淮河流域水利工程管理局组织山东水利职业学院教师及水利工程管理单位一线专家共同编写,编写人员及编写分工如下:杜守建(山东水利职业学院)、侯祥东(山东省淮河流域水利工程管理局)编写项目一、项目二,周长勇(山东水利职业学院)、杨永振(山东水利职业学院)、李丽琼(日照水库管理局)编写项目三~项目五,赵鲁斌(山东水利职业学院)、胡凤华(五莲县水利局工程管理站)编写项目六、项目七,杜守建(山东水利职业学院)、陈乃学(郯城县沂沭河水利工程管理办公室)编写项目八、九、十。本书由杜守建、周长勇担任主编并负责全书通稿;由杨永振、赵鲁斌担任副主编;由山东水利职业学院于纪玉教授担任校内主审,由国务院政府特殊津贴专家、山东省有突出贡献的中青年专家、青峰岭水库管理处主任孙绪成研究员担任行业主审。

在本书编写和出版过程中,得到了山东省水利工程管理局、山东省淮河流域水利工程管理局、济宁市南四湖水利管理局、山东水利职业学院领导的大力支持,山东水利职业学院的甄红锋、曹广占、冷爱国、尹红莲等老师给予了帮助。同时，书中参考、引用和吸收了大量文献，未能一一详尽列出，在此一并致谢！

限于编者水平和时间关系，书中难免存在不足之处，恳请读者给予批评指正。

编　者

2014 年 8 月

目　录

前　言
项目一　水利工程技术管理技能训练基础知识 …… (1)
　思考题 …… (12)
项目二　水库工程运行管理岗位认知训练 …… (13)
　思考题 …… (25)
项目三　土石坝、混凝土坝的变形监测训练 …… (26)
　思考题 …… (38)
项目四　土石坝、混凝土坝的渗流监测训练 …… (40)
　思考题 …… (62)
项目五　水闸、溢洪道运行管理岗位认知训练 …… (63)
　思考题 …… (89)
项目六　水闸自动启闭系统操作训练 …… (90)
　思考题 …… (102)
项目七　河道、堤防工程管理岗位认知训练 …… (103)
　思考题 …… (123)
项目八　水库、堤坝防汛抢险演练 …… (124)
　思考题 …… (129)
项目九　水工监测工职业技能鉴定训练 …… (130)
　参考答案 …… (138)
项目十　闸门运行工职业技能鉴定训练 …… (144)
　参考答案 …… (148)
参考文献 …… (152)

项目一　水利工程技术管理技能训练基础知识

一、水工建筑物监测与维护工作的内容、要求和任务

(一)水工建筑物监测与维护工作的内容

1.水工建筑物的巡查工作

巡查即巡视检查,是用眼看、耳听、手摸等直观方法并辅以简单的工具,对水工建筑物外露的部分进行检查,以发现一切不正常现象,并从中分析、判断建筑物内部的问题,从而进一步进行检查和观测,并采取相应的修理措施。人工巡视检查是大坝安全监测的重要内容,能较好地弥补仪器监测的局限性,但这种检查只能进行外表检查,难以发现内部存在的隐患。

2.水工建筑物的监测工作

水工建筑物在施工及运行过程中,受外部荷载作用及各种因素影响,其状态不断变化,这种变化常常是隐蔽、缓慢、直观、不易察觉的。为了监视水工建筑物的安全运行状态,通常在坝体和坝基内埋设各种监测仪器,以定期或实时监测埋设仪器部位的变形、应力应变和温度、渗流等,并对这些监测资料进行整理分析,评价和监控水工建筑物的安全状况。然而,在出现隐患、病害的部位不一定预埋监测仪器,或者因仪器使用寿命而失效,因此需要用巡视检查和现场检测加以弥补。

3.水工建筑物的养护工作

养护是指保持工程完整状态和正常运用的日常维护工作,它是经常、定期、有计划、有次序地进行的。

4.水工建筑物的维修工作

维修工作一般可分为岁修、大修和抢修三种。岁修:在每年汛后检查发现工程问题,而后编制岁修计划,报批后进行的修理。大修:工程发生较大损坏,修复工作量大,技术较复杂时,管理单位报请上级主管部门批准,邀请设计、施工和科研单位共同研究制订修复计划,报批后修理。抢修:工程发生事故,危及工程安全时,管理单位应立即组织力量进行抢险,同时上报主管部门,采取进一步的处理措施。

5.防汛抢险工作

各级机构应建立防汛机构,组织防汛队伍,准备物资器材,立足于防大汛抢大险,确保工程安全。不断总结抢险的经验教训,及时发现险情,准确判断险情的类型和程度,采取正确措施处理险情,迅速有力地把险情消灭在萌芽状态,是取得防汛抢险胜利的关键。

(二)水工建筑物监测工作的基本要求和步骤

水工建筑物监测工作应根据《土石坝安全监测技术规范》(SL 551—2012)和《混凝土坝安全监测技术规范》(SL 601—2013)的规定进行。

1. 监测工作的基本要求

(1)检查观测的项目要有明确的目的性和针对性,既要全面,又要有重点,要能满足监视工程的工作情况、掌握工程状态变化规律的需要。有关建筑物状态变化的观测项目应与荷载及其他影响因素的观测项目同时进行,相互影响的观测项目应配合进行,以求正确地反映客观实际情况。

(2)观测设备应合理布置,精心埋设,测点布局要有足够的代表性,能够掌握工程变化的全貌。

(3)观测时间和测次的规定,应保证资料的系统性和连续性,要能反映工程变化的过程。一般在运行的初期,测次较密,经过长期运行和高水位考验后,如果工作正常,则可减少测次;当发现异常现象时,应增加观测项目和测次。增减观测项目或测次均应报请主管部门批准。

(4)制定切实可行的检查观测制度,加强岗位责任制。观测必须按时,测值必须符合精度要求,记录必须真实,观测成果应及时进行整理和分析,保证观测资料的真实性和准确性,正确地反映客观实际情况。

2. 监测工作的步骤

(1)监测系统设计。设计是安全监测的龙头,监测设计不仅要满足建筑物性态分析和安全监控的需要,还要根据工程规模大小、建筑物结构型式、工程具体情况和需要,确定监测项目和仪器设备布置,制定技术要求,设计出全面的监测系统。

(2)仪器选型。仪器是安全监测的基础,它不仅要求质量优良,具有长期工作的稳定性和恶劣环境下的可靠性,而且要求技术上先进,能适应复杂工程安全监测的需要。

(3)仪器埋设安装。监测施工是安全监测的保障,监测施工应按照监测设计和规范规定要求进行,对所需的观测仪器和设备进行检查、安装和埋设。

(4)现场观测。按规定的测次和技术要求,定期进行各种项目的观测。

(5)监测资料分析。资料分析是安全监测的重要环节,资料分析不仅要对建筑物运行性态作出解释,对安全状况作出评价,而且要通过监测资料及时发现工程安全隐患,为除险加固提供依据。

(6)安全评估和监控。监控是安全监测的关键,对建筑物安全状态进行监控,是工程安全监测的根本性目的,安全监控不仅要力求准确,不枉不纵,而且要实现实时在线。

(三)水工建筑物监测与维护工作的任务

1. 水工建筑物监测与维护工作中存在的问题

在过去很长一段时期,人们往往只重视建设而轻视管理,只讲投资而不讲效益,不重视对水工建筑物的安全检测和维护工作,致使水利工程存在诸多问题,主要表现在以下几个方面:

(1)水利工程失修、设备老化,需要进行更新改造。

(2)不少工程遭到一定程度的人为和生物性破坏。

(3)工程的配套不够,设备利用率低,经济效益不高。

(4)安全检测与维修技术落后,检测与维修水平有待提高。

(5)跑、冒、滴、漏、渗等问题严重,能源消耗较大。

(6)有些工程抗御灾害的标准偏低，特别是大江、大河、大坝的安全问题。

2. 水工建筑物监测与维护工作的任务

针对水工建筑物安全监测与维护工作中存在的问题，我们可以知道安全监测与维护工作是保证水利工程的安全，充分发挥水利工程的效益，更好地为工农业生产服务的一项重要的基本工作。为了做好这项工作，首先应当详细了解工程的情况，在工程施工阶段应筹建管理机构，并派人员参与施工；工程竣工后，要严格履行验收交接手续，要求设计和施工单位将勘测、设计和施工资料一并交给管理单位；管理单位要根据工程具体情况，制定水工建筑物检测与维护工作规章制度，并做到认真贯彻执行，保证工程的正常运行，充分发挥其效益。

对水工建筑物进行监测与维护，必须本着以防为主、防重于修、修重于抢的原则。做好日常检查和养护工作，防止工程出现病害或发展扩大，发现水工建筑物出现病害后，应及时进行维修。做到小坏小修、随坏随修，以免造成更大的损失。在水工建筑物的维修工作中，应根据检测的结果，吸取先进的经验，因地制宜，力求取得最大的经济效益。对于难以解决的某些特殊情况，应请设计、施工和科研等单位协商，确定处理措施，并及时进行观测，验证其效果。当水工建筑物出现险情时，应在党和政府的统一领导下，充分发动群众，立即进行抢护，从思想上、组织上、物质和技术上，充分做好防汛抢险准备，做好相应的抢险方案，尽可能减少损失。

几十年来，我国工程安全监测技术人员为保障工程安全付出了大量心血，取得了丰硕的成果。各级水利部门十分重视水工建筑物养护维修工作，取得了很好的效果，积累了许多整治病害的经验。在水库安全监控和除险加固中引进了许多新技术、新材料、新工艺。例如，土坝渗流热监测技术；光纤传感技术在隧道健康监测中应用；4S 技术在堤坝安全监测中发展并应用；采用一些防水堵漏新技术；在土坝中采用劈裂灌浆法处理渗漏；应用土工膜和土工织物防渗排渗；采用新技术、新工艺防止钢闸门腐蚀；使用新品种水泥和新型防水材料等。

总之，水工建筑物监测与维护工作的任务就是通过检查观测了解水工建筑物的工作状态，及时发现隐患，对水工建筑物进行经常养护，对病害及时处理，以确保水利工程的安全、完整，充分发挥水利工程的效益。

二、水工建筑物监测资料的整编与分析

（一）概述

对水工建筑物进行的各种项目观测，为水库大坝的运行工况提供了第一手资料。取得这些第一手资料以后，还必须去粗取精、去伪存真、由此及彼、由表及里，进行科学的整理分析，才能作出正确的判断，获得规律性的认识，保证水库安全和合理运用，为设计、施工、管理和科学研究提供依据。

我国有很多水库，通过对观测资料的分析，了解水库各个建筑物的状态，掌握工程运用的规律，确定维修措施，改善运行状况，从而保证了水库的安全和发挥效益，并且为提高科学技术水平提供了宝贵的第一手资料。例如，官厅水库土坝下游发生泉眼漏水，通过对观测资料的分析，判断为左岸山头基岩发生绕坝渗流，经过多种措施进行处理，安全运用

至今。又如上犹江水电站设计最高水位为198.0 m,经对长期观测资料的分析,确认最高水位可以提高到200.0 m,1970年实际运用最高水位达200.27 m,大坝安全无恙,充分发挥了工程效益。由此可见,对观测资料进行科学的整理分析,是观测工作必不可少的组成部分,对于管好用好水库、保证水库安全运用、充分发挥效益,以及提高科学技术水平,具有重要的意义。

观测取得的数据是客观实际的反映。但是,每个观测项目所布置的测点数量总是有限的,测次一般有一定的周期,与其相关的因素也是多元的,而且实测数据不可避免地带有特定的误差。因此,必须通过科学的整理分析,才能掌握客观运动的规律性和与影响因素的相关关系,获得符合客观实际的理性认识。观测资料的整理分析,取决于现场观测所得数据的数量和质量,而又反过来推动和指导观测工作,使水库运行更有成效地进行。

监测资料整编是将大坝安全监测的各种原始数据和有关文字、图表(含影像、图片)等材料经过审查、考证,综合整编成系统化、图表化的监测成果,并汇编刊印成册或制成电子文件。土石坝可参照《土石坝安全监测资料整编规程》(SL 169—96 或 DL/T 5256—2010)的有关要求,混凝土坝可参照《混凝土坝安全监测资料整编规程》(DL/T 5209—2005)的有关要求进行。

各种物理量的符号应与上述规范一致,说明如下:

水平位移:向下游为正,向左岸为正,反之为负。

船闸闸墙的水平位移:向闸室中心为正,反之为负。

垂直位移:下沉为正,上升为负。

倾斜:向下游转动为正,向左岸转动为正,上升为负。

接缝与裂缝开合度:张开为正,闭合为负。

各种水位成果,如测压管水位、水压力、库水位等,用高程表示,单位为m。

监测资料整编工作应包括以下内容和步骤:

(1)平时资料整编,是各监测工作单位的一种经常性工作。重点是计算、查证原始观测数据的可靠性与准确性,如有异常或疑点,应及时复测、确认。如影响工程安全运行,应及时上报主管部门。

(2)定期整编刊印,是在平时资料整理基础上,按规定时段对监测资料进行全面整理、汇编和分析,并附以简要安全分析意见和编印说明后刊印成册。整编和刊印时段,在施工期和初蓄期,视工程施工或蓄水进程而定,最长不超过1年。在运行期(一般1~5年为宜),其中的整编工作应至少每年做一次,刊印时段可视具体情况而定,但最长不得超过5年。

监测资料整编与分析工作包括平时资料整理与定期资料编印和观测成果的分析。

1.平时资料整理工作的主要内容

(1)及时检查各观测项目原始观测数据和巡视检查记录的正确性、准确性和完整性。如有漏测、误读(记)或异常,应及时补(复)测、确认或更正。

(2)及时进行各观测物理量的计(换)算,填写数据记录表格(各记录表格式详见本项目(二))。

(3)随时点绘观测物理量过程线图,考察和判断测值的变化趋势。如有异常,应及时分析原因,并备忘文字说明,原因不详或影响工程安全时,应及时上报主管部门。

(4)随时整理巡视检查记录(含摄像资料),补充或修正有关监测系统及观测设施的变动或检验、校(引)测情况,以及各种考证图、表,确保资料的衔接与连续性。

2. 定期资料编印工作的主要内容

(1)汇集工程的基本概况(含各种运控指标)、监测系统布置和各项考证资料,以及各次巡检资料和有关报告、文件等。

(2)在平时资料整理基础上,对整编时段内的各项观测物理量按时序进行列表统计和校对。此时如发现可疑数据,一般不宜删改,应加注说明,提醒读者注意。

(3)绘制能表示各观测物理量在时间和空间上的分布特征图,以及有关因素的相关关系图。

(4)分析各观测物理量的变化规律及其对工程安全的影响,并对影响工程安全的问题提出运行和处理意见。

(5)对上述资料进行全面复核、汇编,并附以整编说明后,刊印成册,建档保存。采用计算机数据库系统进行资料存储和整编者,整编软件应具有数据录入、修改、查询以及整编图、表的输出打印等功能,还应有电子文件备份。

3. 成果的分析

观测成果的分析是一项细致复杂而又十分重要的工作,要以认真的精神和科学的态度去进行。我国的水库建设是新中国成立以后开始发展的,水库观测工作从无到有,但许多水库管理单位开展了大量的观测工作,观测成果的分析工作也取得了丰富的经验和显著的成绩。使用计算机,应用比较法和回归分析、谐量分析等数理统计方法,对观测成果进行定量分析。

4. 监测报告

监测报告一般包括工程概况、巡视检查和仪器监测情况的说明、巡视检查资料和仪器监测资料的分析结果、大坝工作状态的评估及改进意见等。

(二)土石坝安全监测资料的整编

1. 巡视检查

巡视检查的各种记录、图件和报告等均属大坝安全监测的重要史料,除将原件归档外,应将发现问题的资料整理复制载入相应时段的资料整编。每次整编,除对本时段内巡视检查发现的异常问题及其原因分析、处理措施和效果观察等作出完整编录外,必要时可简要引述前期巡视检查结果,加以对比分析。

2. 变形监测

变形监测资料整编,一般应根据所设项目进行各观测物理量的列表统计,如:

(1)坝面垂直位移量监测成果统计表,格式见表1-1。

(2)坝面横(纵)向水平位移量监测成果统计表,格式见表1-2。

在列表统计的基础上,应尽量绘出能表示各观测物理量时间和空间分布特征的各种图件(必要时可加绘相关物理量,如坝体填筑过程、蓄水过程等),一般有:

(1)坝面水平位移过程线图。

(2)纵断面竖向位移分布图。

表 1-1 ______年度坝面垂直位移量监测成果统计表

工程部位______　　　　　　监测断面______

监测日期		各测点累计垂直位移(mm)						备注
		测点 1	测点 2	测点 3	测点 4	…	测点 n	
		高程 1	高程 2	高程 3	高程 4	…	高程 n	
		位置 1	位置 2	位置 3	位置 4	…	位置 n	
全年度特征值统计	最大值							
	日期							
	最小值							
	日期							
	年变幅							
说明	1. 垂直位移正负号规定：下沉为正，反之为负。 2. 年变幅为本年度年底值与去年年底值之差。							

统计者：______　　　　　　校核者：______

表 1-2 ______年度坝面横（纵）向水平位移量监测成果统计表

工程部位______　　　　　　监测断面______

监测日期		各测点累计水平位移(mm)										备注
		测点 1		测点 2		测点 3		…		测点 n		
		高程 1		高程 2		高程 3		…		高程 n		
		位置 1		位置 2		位置 3		…		位置 n		
		X	Y	X	Y	X	Y	X	Y	X	Y	
全年度特征值统计	最大值											
	日期											
	最小值											
	日期											
	年变幅											
说明	1. X 代表上下游方向，Y 代表左右岸方向。 2. 水平位移正负号规定：向下游、向左岸为正，反之为负。 3. 年变幅为本年度年底值与去年年底值之差。											

统计者：______　　　　　　校核者：______

(3)竖向位移平面等值线图。

(4)坝体裂缝平面分布图。

3. 渗流监测

一般应按坝体、坝基、绕渗等不同部位和类别分别填写测点渗流压力水位统计表，并同时抄录相应的上、下游水位，必要时加注有关渗流异常现象的说明。如：①上游（水库）、下游水位统计表，格式见表 1-3；②渗流量监测成果统计表，格式见表 1-4。

表 1-3　________年度上游(水库)、下游水位统计表

观测日期		月份及水位(m)											
		1	2	3	4	5	6	7	8	9	10	11	12
01													
02													
⋮													
31													
全月统计	最高												
	日期												
	最低												
	日期												
全年统计		最高		日期		最低			日期		均值		
备注		包括泄流情况											

统计者：__________　　　　校核者：__________

表 1-4　________年度渗流量监测成果统计表

工程部位__________　　　　监测断面__________

监测日期		渗漏量(L/s)				上游水位	下游水位	降雨量	备注
		测点 1	测点 2	…	测点 *n*	(m)	(m)	(mm)	
全年特征值统计	最大值								
	日期								
	最小值								
	日期								
	年变幅								

统计者：__________　　　　校核者：__________

根据渗流压力水位统计表绘制各测点的渗流压力水位过程线图，图上应同时绘出上、下游水位过程线和坝区降水强度分布线。

根据过程线图确定迟后时间，消除迟后影响，用稳定流场的对应关系绘制以下图件：

(1)特定库水位下的渗流压力水位过程线。

(2)渗流压力水位与库水位(或上、下游水位差)相关关系图。

(3)坝体横断面渗流压力(含浸润线位置)分布图，并同时在坝体横剖面渗流压力分布图上绘出相应库水位的设计浸润线位置，以资对比。

根据过程线图确定并消除迟后影响后，用稳定渗流场的对应关系绘制以下图件：

(1)特定库水位下的渗流量过程线。

(2)渗流量与库水位(或上、下游水位差)相关关系图。

（三）安全监测资料的分析

1. 资料分析的目的和意义

大坝安全监测是掌握坝体运行状态、保证大坝安全运用的重要措施，也是检验设计成果、检查施工质量和掌握大坝的各种物理量变化规律的有效手段。但是，原始的观测成果往往只展示了大坝的直观表象，要深刻地揭示规律和作出判断，从繁多的监测数据中找出关键问题，还必须对观测数据进行检验、剖析、提炼和概括，这就是监测资料分析工作。其意义可从以下几方面来理解。

（1）监测数据本身，既隐含着大坝实际状态的信息，又带有观测误差及外界偶然因素随机作用所造成的干扰。必须经过辨析，识别干扰，才能显示出真实的信息。

（2）影响坝体状态的多种内外因素是交织在一起的，监测值是其综合效应。为了将影响因素加以分解，找出主要因素及各个影响因素的影响程度，也必须对测值作分解和剖析。

（3）只有将多种监测量的多个测点、多次测值放在一起综合考察，相互补充、印证，才能了解测值在空间分布和时间发展上的联系，找出变化异常的部位和薄弱环节，了解其变化过程和发展趋势。

（4）任何事物的发展都是遵循从量变到质变的过程。大量事实表明，大坝的破坏和失稳，事前总是有预兆的，同样也是一个由量变到质变的过程。通过对监测数据的分析，就可以及时地发现大坝发生破坏前的各种征兆和异常情况，从而采取有效的补救措施。

（5）通过数据分析可以对设计的正确性、经济性和措施的有效性进行验证，进而为提高或改进大坝设计提供依据。大坝的设计和计算，既要符合安全的原则，又要符合经济的原则。然而，由于我们对自然规律的认识有待深入，不可能对所有影响大坝的复杂因素都进行精确的计算，只能是作了许多假设和简化以后，才进行设计计算。

（6）对大坝各种观测成果作出物理解释，预测未来测值变幅及可能的数值等，也离不开分析工作。

因此，监测资料分析被视为实现大坝安全监测根本目的最重要的一个环节，其任务就在于通过具有一定精度的监测资料，认识大坝监测数值在空间分布和时间发展上的规律性，掌握它和各种内外因素的联系，从观测值的变化来考察和发现大坝结构的变化和异常现象，防止大坝结构向不安全方向发展。

2. 资料分析的主要方法

资料分析的主要方法有比较法、作图法、特征值统计法、数学模型法和其他一些方法。下面作一简要介绍。

1）比较法

所谓比较法，就是将不同测次的监测资料、巡视资料及监测资料成果与技术警戒值、理论试验的成果作比较，判断测值有无异常，找出观测值的变化规律或发展趋势。

（1）比较多次巡查资料，定性考察大坝外观异常现象的部位、变化规律和发展趋势。

（2）比较同类效应量监测值的变化规律或发展趋势是否具有一致性和合理性。

（3）将监测成果与理论计算或模型试验成果相比较，观察其规律和趋势是否有一致性、合理性，并与工程的某些技术警戒值（大坝在一定工作条件下的变形量、抗滑稳定安全系数、渗透压力、渗漏量等方面的设计或试验允许值，或经历史资料分析得出的推荐监控值)相比较,以判断工程的工作状态是否异常。

2)作图法

根据分析的要求,画出监测资料的过程线图、相关图、分布图及综合过程线图(如将上游库水位、某物理量和其警戒值、其他的效应量画在一张图上)等,由图可直接了解和分析测值的变化大小和其规律。

(1)以观测时间为横坐标,所考察的测值为纵坐标绘制的曲线叫过程线。它反映了测值随时间而变化的过程。由过程线可以看出测值变化有无周期性,最大值、最小值等,一年或多年变幅有多大,各时期变化梯度(快慢)如何,有无反常的升降变化等。图上一般同时绘制相关因素,如库水位、气温等的过程线,以了解测值和这些因素的变化是否相关,周期是否相同,滞后时间多长,两者变化幅度等。有时也可以同时绘制不同测点或不同项目的曲线,比较它们之间的联系和差异。

(2)以横坐标表示测点位置,纵坐标表示测值所绘制的台阶图或曲线叫分布图。它反映了测值沿空间的分布情况。由图可看出测值分布有无规律,最大、最小值在什么位置,各点间特别是相邻点间的差异大小等。图上还可以绘出有关因素如坝高等的分布值。同一张图绘制出同一项目不同测次和不同项目同一测次的测值分布,以比较其间的联系及差异。

(3)以纵坐标表示测值,以横坐标表示有关因素(如水位、温度等)所绘制的散点加回归线的图叫相关图。它反映了测值和该因素的关系,如变化趋势、相关密切度等。

3)特征值统计法

这是对监测值(随机变量)进行统计、计算,得到一系列有代表性的特征值,用以浓缩、简化一批测值中的信息,以便对大坝性态的变化更加清晰、简单地了解、掌握和发现其有无异常。

特征值主要包括各监测物理量历年的最大值和最小值(含出现时间)、变幅、周期、年(月)平均值及变化率等。通过对这些特征值的统计和分析,可帮助考察各监测量之间在数量变化方面是否具有一致性、合理性,以及它们的重现性和稳定性等。

4)数学模型法

该法就是利用回归分析、经验或数学、力学原理,建立原因量(如库水位、气温等)与效应量(如位移、扬压力等)之间定量关系的方法。这种关系往往是具有统计性的,需要较长序列的观测数据。当能够在理论分析基础上寻求两者确定性的关系时,称为确定性模型;当根据经验,通过统计相关的方法来寻求其联系时,称为统计模型;当具有上述两者的特点寻求其联系时,称为混合模型。

近年来,资料分析技术得到了较快发展,许多新技术、新方法在大坝监测资料分析领域得到了广泛应用,如时间序列分析、灰色模型分析、模糊聚类分析、神经网络分析、决策分析及专家系统技术等。

(四)混凝土坝监测资料的整编

1.整编混凝土坝监测资料的一般规定

(1)每次观测后应立即对原始数据加以检查和整理,并应及时作出初步分析。每年应进行一次资料整编。在整理和整编的基础上,应定期进行资料的分析。

(2)资料整理和初步分析中,如发现不正常现象或确认的异常值,应立即向主管人员报告。

(3)整编成果应做到考证清楚，项目齐全，数据可靠，方法合理，图表完整，说明完备。

(4)在下列时期应进行资料分析，并提出监测报告：

①第一次蓄水时。

②蓄水到规定高程时。

③竣工验收时。

④运行期每年汛前。

⑤大坝鉴定时（每隔5~10年）。

⑥出现异常或险情状态时。

第一次蓄水、竣工验收及大坝鉴定时均应先作资料分析，分别为蓄水、验收及鉴定提供依据。

(5)蓄水后，每次分析资料时应按下列类型对大坝工作状态作出评估：

①正常状态。是指大坝（或监测的对象）达到设计要求的功能，不存在影响正常使用的缺陷，且各主要监测量的变化处于正常情况的状态。

②异常状态。是指大坝（或监测的对象）的某项功能已不能完全满足设计要求，或主要监测量出现某些异常，因而影响正常使用的状态。

③险情状态。是指大坝（或监测的对象）出现危及安全的严重缺陷，或环境中某些危及安全的因素加剧，或主要监测量出现较大异常，因而按设计条件继续运行将出现大事故的状态。当大坝（或监测的对象）工作状态评为异常或险情时，应立即向主管部门报告，同时通报设计单位。

2.资料的整理

(1)资料整理应做好原始观测数据的检验、观测数据的计算、填表和绘图、初步分析和异常值的判识。

(2)原始观测数据的检验。

①对观测数据的检验：作业方法是否合乎规定；各项检验结果是否在限差以内；是否存在粗差；是否存在系统误差。

②经检验后，若判定观测数据不在限差以内或含有粗差，应立即重测；若判定观测数据含有较大的系统误差，应分析原因，并设法减小或消除其影响。

(3)观测数据的计算。

①经检验合格的观测数据，应换算成监测物理量（位移、扬压力、渗漏量、应力及应变和温度等）。当存在多余的观测数据时，应先作平差处理，再换算物理量。

②对于测得的上、下游水位和坝区气温，应计算各自的日、旬、月平均值。

(4)填表和绘图。

①应将所得的物理量填入相应的表格或存入计算机。

②应绘制各物理量的过程线图及原因量与效应量的相关图（如库水位与位移量的相关图等）。必要时还可绘制有关物理量的分布图。

(5)初步分析和异常值的判识。

应根据上述图表和有关资料，及时进行初步分析。分析各监测量的变化规律和趋势，判断有无异常的观测值。对于经检验分析初步判为异常的观测值，应先检查计算有无错误，量测系统有无故障。如未发现疑点，则应及时重测一次，以验证观测值的真实性。经多方面比较判断，确信该监测值为异常值时，应立即向主管人员报告。

3. 资料的整编

(1)每年汛前必须将上一年度的监测资料整编完毕。资料整编应包括资料的收集、审定及编印等工作。

(2)凡历年共同性的资料，若已经整编刊印，则其后无需重印，只在整编前言中加以说明。

(3)如使用计算机管理监测资料，亦应按本节各条规定执行。

4. 资料的分析

1)一般要求

(1)资料分析的项目、内容和方法应根据实际情况而定，但对于变形量、渗漏量、扬压力(扬压力非大坝基本荷载者除外)及巡视检查的资料必须进行分析。第一次蓄水时的分析工作可酌情进行。

(2)对反映大坝工况(如大坝的稳定性和整体性，灌浆帷幕、排水系统和止水工作的效能，经过特殊处理的地基工况等)的监测成果，应与设计预期效果相比较。

(3)分析大坝材料有无恶化的现象，并查明其原因。

(4)对于主要监测物理量，宜建立(或修正)数学模型，借以解释监测量的变化规律，预报将来的变化，并确定技术警戒范围。

(5)应分析各监测量的大小、变化规律及趋势，揭示大坝的缺陷和不安全因素。

(6)分析完毕后应对大坝工作状态作出评估。

2)方法

资料分析通常采用比较法、作图法、特征值统计法及数学模型法。使用数学模型法作定量分析时，应同时用其他方法进行定性分析，加以验证。

3)内容

应了解分析各监测物理量的大小、变化规律及原因量与效应量之间(或几个效应量之间)的关系和相关程度。有条件时，还应建立原因量与效应量之间的数学模型。在此基础上应判断各监测物理量的变化和趋势是否正常，是否符合技术要求，并应对各项监测成果进行综合分析，评估大坝的工作状态。

5. 监测报告

各时期监测报告的主要内容如下。

1)第一次蓄水时

(1)蓄水前的工程情况概述。

(2)仪器监测和巡视工作情况说明。

(3)巡视检查的主要成果。

(4)蓄水前各有关监测物理量测点(如扬压力、渗漏量、坝和地基的变形、地形标高、应力、温度等)的蓄水初始值。

(5)蓄水前施工阶段各监测资料的分析和说明。

(6)根据巡视检查和监测资料的分析，为首次蓄水提供依据。

2)蓄水到规定高程、竣工验收时

(1)工程概况。

(2)仪器监测和巡视工作情况说明。

(3)巡视检查的主要成果。

(4)该阶段资料分析的主要内容和结论。

(5)蓄水以来,大坝出现问题的部位、时间和性质,以及处理效果的说明。

(6)对大坝工作状态的评估。

(7)提出对大坝监测、运行管理及养护维修的改进意见和措施。

3)运行期每年汛前

(1)工程情况、仪器监测和巡视工作情况简述。

(2)列表说明各监测物理量年内最大最小值、历史最大最小值以及设计计算值。

(3)年内巡视检查的主要结果。

(4)对本年度大坝的工作状态和存在问题作分析说明。

(5)提出下年度大坝监测、运用养护维修的意见和措施。

4)大坝鉴定时

(1)工程概况。

(2)仪器监测和巡视工作情况说明。

(3)巡视检查的主要成果。

(4)资料分析的主要内容和结论。

(5)对大坝工作状态的评估。

(6)说明建立、应用和修改数学模型的情况和使用的效果。

(7)大坝运行以来,出现问题的部位、性质和发现的时间,处理的情况及其效果。

(8)根据监测资料的分析和巡视检查,找出大坝潜在的问题,并提出改善大坝运行管理、养护维修的意见和措施。

(9)根据监测工作中存在的问题,应对监测设备、方法、精度及测次等提出改进意见。

5)大坝出现异常或险情时

(1)工程简述。

(2)对大坝出现异常或险情状况的描述。

(3)根据巡视和监测资料的分析,判断大坝出现异常或险情的可能原因和发展趋势。

(4)提出加强监视的意见。

(5)对处理大坝异常或险情的建议。

思考题

1. 水工建筑物监测与维护工作的内容有哪些?
2. 水工建筑物监测工作的步骤有哪些?
3. 水工建筑物监测资料整编与分析工作的内容有哪些?
4. 大坝监测资料分析的主要方法有哪些?
5. 混凝土坝监测资料整编的一般规定有哪些?

项目二 水库工程运行管理岗位认知训练

一、训练目的

教师组织学生到典型的实际水库大坝或水利工程仿真实训中心，如都江堰、葛洲坝、日照水库、黑龙滩水库、龙河口水库等，认知水库工程运行管理岗位的工作任务和内容，从而使学生掌握水库工程运行管理的基本技能。

二、能力目标

(1)能认知水库工程水工建筑物的组成、结构、功能及运行特点。

(2)能根据水库工程运行管理制度分析相关技术问题。

(3)能进行水库工程的巡视检查、养护维修、调度运用等具体管理工作。

三、训练内容

(一)水库工程水工建筑物的组成、结构、功能及运行特点

大坝(土石坝或混凝土坝)、水闸、溢洪道、涵管、隧洞、水电站、渠道、堤防等水工建筑物的结构、功能及运行特点，是水库工程运行管理的基础。现以实际工程中典型土石坝为例进行分析。

土石坝的运行特点如下：

土石坝按坝高可分为低坝、中坝和高坝。按施工方法可分为碾压式土石坝、水力冲填坝、水中填土坝、定向爆破堆石坝等。应用最为广泛的是碾压式土石坝。按坝体材料的组合和防渗体的相对位置，碾压式土石坝又可分为均质坝、土质心墙坝、土质斜心墙坝、土质斜墙坝以及人工材料心墙坝、人工材料面板坝。

由于填筑坝体的土石料为散粒体，抗剪强度低，颗粒间孔隙较大，因此易受到渗流、冲刷、沉陷、冰冻、地震等方面的影响。在运用过程中常常会因渗流使水库损失水量，还易引起管涌、流土等渗透变形，并使浸润线以下的土料承受着渗透动水压力，使土的内摩擦角和黏结力减小，对坝坡稳定不利；因抗剪能力小、边坡不够平缓、渗流等而产生滑坡；因土粒间联结力小，抗冲能力很低，在风浪、降雨等作用下而造成坝坡冲蚀、侵蚀和护坡破坏，所以不允许坝顶过水；因沉降导致坝顶高程不够和产生裂缝；因气温的剧烈变化而引起坝体土料冻胀和干裂等。因此，要求土石坝有稳定的坝坡、合理的防渗排水设施、坚固的护坡及适当的坝顶构造，并应在水库的运用过程中加强监测和维护。

(二)水库工程运行管理制度

常用制度有水库工程管理制度、水库安全监测制度、水库防汛值班制度、水库溢洪闸管理制度、水库防汛视频监控系统管理制度、水库雨水情自动测报系统工作制度、堤防工

程管理细则、水闸工程管理细则等。

(三)水库工程的巡视检查、日常养护、维修加固、调度运用等具体管理工作

水库工程的具体管理工作包括土石坝或混凝土坝巡视检查和日常养护的任务、要求及内容,土石坝或混凝土坝常见病害(如裂缝、渗漏、滑坡等)巡查诊断、维修加固的方法技术,水库防洪运用、兴利运用的任务、方式及内容等。

例如,土石坝的巡视检查工作一般包括以下内容:

(1)坝体有无裂缝、塌坑、隆起、滑坡、冲蚀等现象,有无兽害,有无白蚁活动迹象。

(2)坝面排水系统有无裂缝、损坏,排水沟有无堆积物等。

(3)坝面块石护坡有无翻起、松动、垫层流失、架空、风化等现象,还应注意观察砌块下坝面有无裂缝。

(4)背水坡、两端接头和坝脚一带有无散漫、漏水、堵塞、管涌、流土或沼泽化现象,减压井、反滤排水沟的渗水是否正常。

(5)防浪墙有无变形、裂缝、倾斜和损坏。

(6)对于堤防,还应注意护岸、护坡是否完好,有无冲刷和坍塌,堤身有无挖坑、取土和耕作,护坡草皮和防护林是否完好,河道水流有无变化,险工是否有上提下错。

影响土石坝安全运用的病害,主要有裂缝、渗漏、滑坡等,因此巡查时这些方面应是重点。

土石坝的日常养护工作一般包括以下内容:

(1)不得在坝面上种植树木、农作物,严禁放牧、铲草皮以及搬动护坡的砂石材料,以防止水土流失、坝面干裂和出现其他损害。

(2)经常保持坝顶、坝坡、戗台、防浪墙的完整,对表面的坍塌、隆起、细微裂缝、雨水冲沟、蚁穴兽洞,应加强检查,及时养护修理。护坡砌石如有松动、风化、冻毁或被风浪冲击损坏,应及时更新修复,保证坝面完整清洁、坝体轮廓清楚。

(3)严禁在坝顶、坝坡及戗台上堆放重物,建筑房屋,敷设水管,行驶质量、振动较大的机械车辆,以免引起不均匀沉陷或滑坡破坏。

(4)在对土石坝安全有影响的范围内,不准任意挖坑、建塘、打井、爆破、炸鱼或进行其他对工程有害的活动,以免造成土坝裂缝、滑坡和渗漏。

(5)不得利用护坡作装卸码头,靠近护坡不得停泊船只、木筏,更不允许船只高速行驶,对坝前较大的漂浮物应及时打捞,以保护护坡的完整。

(6)经常保持坝面和坝端山坡排水设施的完整,经常清淤,保证排水畅通。

(7)在下游导渗设备上不能随意搬动砂、石材料以及打桩、钻孔等损坏工程结构的活动,并应避免河水倒灌和回流冲刷。

(8)正确地控制库水位,务必使各时期水位及其降落速度符合设计要求,以免引起土坝上游坡滑坡。

(9)注意各种观测仪器和其他设备的维护,如灯柱、线管、栏杆、标点盖等,应定期涂刷油漆,防锈防腐。

(10)寒冷地区,冰冻前应消除坝面排水系统内的积水,每逢下雪,应将坝顶、台阶及其他不应积雪部位的积雪扫除干净,以防冻胀、冻裂破坏。

四、教学方法与手段

该项目采用任务驱动,项目导向,“教、学、练、做”一体化的教学方法。教学手段是校企合作、工学结合、项目教学,由校内教师与水库管理技术人员共同指导训练、评价训练成果。

五、参考实例

实例一 都江堰工程运行管理

举世闻名的水利工程——都江堰,不仅是著名的世界文化遗产,而且以其功能效益的持续发挥和扩大而闻名遐迩。都江堰巧夺天工的鱼嘴、飞沙堰、宝瓶口三大工程,以及三大工程之间的相依相连、三位一体的运用,使天府之国“水旱从人”“沃野千里”。“乘势利导、因时制宜”的引水、分洪、飞沙,使水资源得以持续永久的利用,造福人民;“顺天应人、以天工代人力”营造了成都平原的富饶和良好生态;“深淘滩、低作堰,排洪保灌”至今仍泽育着千万亩粮田。都江堰的建设与运用,成功地跨越了人与自然的依存、开发、掠夺、和谐的各个阶段,与环境相得益彰,与自然和谐统一,与社会经济发展脉络相承。

(一)都江堰工程概况

都江堰水利枢纽工程始建于公元前256年,迄今已有2 270年的历史,是当今世界上仍在发挥巨大社会经济效益的最古老的水利工程,至今仍充满活力,是世界水利史上的一大奇迹。

都江堰在岷江上游340 km处建堰无坝引水,集雨面积2.3万km^2,多年平均来水量147亿m^3。新中国成立以来,都江堰灌区的发展经历了三个阶段。20世纪50年代初至60年代末,扩大成都平原及周边高地,灌溉面积达45万hm^2;60年代末至80年代初,从南、中、北三路打通龙泉山,建成黑龙潭、三岔、鲁班等大中小型水库近300座,灌溉面积扩大到57万hm^2,呈现出“长龙地上走,银河天际流,彩虹起深谷,高峡出平湖”的壮丽图景;1986~1993年,进行了灌区改造,使灌溉面积进一步扩大,目前已达到67万hm^2,灌区规模跃居全国首位,都江堰总引水量达100亿m^3,完整而庞大的都江堰水利工程设施体系,已成为四川省经济发展和社会进步不可替代的基础设施。

(二)都江堰工程管理体系

都江堰工程之所以历2 270年运用而经久不衰,富有成效的工程管理体系发挥了不可替代的重要作用。

1.“官堰”与“民堰”

都江堰在2 000多年的实践中,逐步形成三级管理体制。省级政府部门管渠道工程,设置堰官,管理堰务,称为“官堰”。下一级政府部门按行政区划管理岷江干流的都江堰至新津河段的金马河、灌溉排洪兼用的蒲阳河、柏条河、清白江及中游的杨柳河等,并管理支渠或分干渠,统称为地方水利工程。在各河引水的支渠以下灌溉工程,由受益群众组织自建自管,称为“民堰”。

汉灵帝时(公元168年)设置了“都水椽”和“都水长”等水利官员,负责维修管理都江堰渠首工程。据《水经注·江水》载，三国蜀汉时，“诸葛亮北征，以此堰农本国之所资，以征丁千二百人主护之，有堰官”。自蜀汉后，晋、唐、宋等朝代，渠首所在地的县令兼办渠首工程。新中国成立后，建立了局、处、站三级专业管理机构和基层管理组织。

2. 岁修

都江堰创建初期，以及秦汉时代主要是工程建设和开发。以后各朝代逐步扩大灌区，并加强了工程的管理和维护。宋代以后，形成每年冬春枯水季节又是农闲之时的断流岁修制度，制定了“旱则引灌，涝则疏导”等一整套管理制度和维修方法。2 000 多年的治水经历，总结出了流传千古的治水经验。最为著名的有李冰的治堰准则“深淘滩、低作堰”，两者相辅相成，科学地解决了引水与泄洪排沙的关键问题；清同治十三年（1874 年），灌县知县胡折所编治水“三字经”，以及后来的治河格言“遇弯截角，逢正抽心”和治水八字法则“乘势利导，因时制宜”等，这些成功法理至今仍然对都江堰的维护管理起着指导作用。新中国成立后，在工程维护上坚持了“五年一大修”和“十年一特修”的制度，保持了工程的更新和稳固。

3. 闸坝与河渠管理

都江堰建成以后，一直用竹、木、卵石等来修缮灌溉、防洪等工程。1952 年春以后，开始从渠首到灌区的干支渠进口，用钢筋混凝土陆续修建闸坝，干渠用钢闸门，支渠用木闸门并逐步改为钢闸门。又将人民渠进口拦河坝改为钢筋混凝土节制闸，将石堤堰府河与毗河分水的毗河水坝改为节制闸，将木马山进口引水工程的江安河拦河水坝改为橡胶坝等，随着引水流量不断扩大，都江堰渠首的工程格局也发生了很大变化，一系列的维修、改建、续建，保障了工程本身的完好性，为工程的持续运用奠定了坚实基础。

中华人民共和国成立后，随着灌区的扩大，都江堰灌区逐步形成了统一管理和分级管理、专业管理和群众管理相结合的管理体制。这种体制较好地适应了计划经济体制下的都江堰运作。随着社会主义市场经济的建立和完善，工程的权属、公有制的实现形式和修缮维护的投资渠道等方面暴露出了新问题，比如，水资源配置以行政手段为主，市场作用机制不明显，水管单位只对工程统一管理，无权或无足够职能对水资源进行统一调配，缺乏对灌区主要水源的控制能力，公益性支出得不到回报，供水价格低于供水成本，虽然都江堰的运用效益大，但水管单位的财务收益小，使工程维护配套经费严重不足。

近年来，在人水和谐的治水理念指导下，四川省水利厅、都江堰管理局抓住水利管理体制改革的有利时机，不断完善管理体制，探索水利工程管理的新思路，发挥管理效能，注重协调和把握工程管理、效益发挥、文物保护及人文景观等方面的关系，创造、继承和完善了都江堰工程管理模式，使古老的都江堰水利工程不断焕发出新的生机和活力。

都江堰的“健康长寿”，并非历史的偶然遗留，而是自然与社会发展的必然结果。为什么那么多远古的水利工程已遗迹全无？为什么那么多近代的水利工程成为病险工程，功能缺失，效益难以发挥？成都平原的人民依恋都江堰，天府之国的自然环境和经济社会发展离不开都江堰，都江堰的工程持续发挥效益，这都是展现在人们面前的不争事实。事实证明，都江堰的一整套随历史进步而不断调整的管理体制起着至关重要的作用。

（三）新时期都江堰工程管理改革

1. 加强法制建设

1997 年 6 月《四川省都江堰水利工程管理条例》颁布实施后，灌区步入了法制化管理轨道，初步实现了“政自法出、依法行政”。特别是 2003 年 11 月，根据新水法精神，对《四川省都江堰水利工程管理条例》进行了修订，加强了都江堰水利工程和水资源的统一管理与保护，规范了灌区水利管理和水利建设秩序，推进了节约用水，强化了法律责任，依法管理和保护了都江堰。

2. 推进体制创新

为加强都江堰灌区水利管理体制改革步伐，认真贯彻落实国务院颁发的《水利工程管理体制改革实施意见》，都江堰管理局编制了《都江堰水利工程管理体制改革研究》，先后成立了“中国共产党四川省都江堰灌区委员会”“四川省都江堰管理局局务委员会”和“都江堰灌区代表委员会”。三个委员会的建立，迈出了都江堰水利工程管理体制改革的第一步，从一定程度上理顺了灌区管理关系，是灌区实行准流域管理与区域管理相结合的有益尝试，促进了灌区水资源统一管理，提高了水资源统一调控能力和配置效率，有利于灌区整体优势充分发挥。

3. 搞活经营机制

（1）运作好集团公司。为盘活水利资产，进一步壮大都江堰，按照现代企业制度的要求，都江堰管理局成立了都江堰水利产业集团。集团公司参股进行紫坪铺水库工程建设。此外，公司还涉足房地产、旅游、渠首资源综合开发等项目，不断寻找新的经济增长点，为顺利实现都江堰体制改革奠定了基础。

（2）实现事企分开。将原有经营性企业从事业模块中剥离，实现事企分家。原有职工中一部分人员从事水资源和水利工程管理，其余人员分流从事多种经营，实行企业管理、自负盈亏、自我发展。

（3）改革用人机制。在“精简、统一、效能”的原则下，实行“公开、平等、竞争、择优”的聘用人事制度改革，基本实现了干部能上能下，职工能进能出，充分调动了职工的主动性、创造性和积极性。

4. 深化水价改革

按照“主动出击，小步快走”的思路，在充分考虑用水户承受能力的基础上，努力做好水价和水费计收改革工作。通过逐步实施基本水费加计量水费，超定额累进加价制度，灌区工业和城市自来水价格达到成本的 70%，农业用水达到成本的 50%，保证了灌区建设与发展保持相对健康的步伐。

5. 推行节水措施，提高现代化管理水平

都江堰灌区从 2001 年开始在全灌区进行计量设施工程建设。目前已完成支渠以上重要渠口计量设施 541 处，干渠分水洞 540 处。同时，灌区信息自动化系统同步建设，水调分中心与水调中心联网运行，形成灌区水情自动测报。通过建成的自动化系统和计量设施，灌区供水已计量至支渠口，为在灌区范围内推行合同供水、计量供水、计量收费创造了条件。

6. 建立农民用水户协会，革新灌区管理模式

从2001年开始，都江堰灌区进行农民用水户协会建设，已建立用水户协会61个，加上其他行之有效的支管会、斗管会，群管组织管理灌溉面积占到了有效灌溉面积的40.1%。农民用水户协会的建立和推广，改变了传统的管理模式，用水户参与灌区管理，使管护责任制落到实处，增强了用水主体的责任感，提高了用水管理的透明度，理顺了供用关系，减少了收费中间环节，避免了层层截留和搭车收费等现象，降低了供水成本，减轻了用水户负担，提高了水费收取率。

都江堰水利工程是我国水利发展史上的一颗明珠，是世界上迄今为止存在年代最为久远、规模宏大的水利工程，是中华民族科学智慧与文明的结晶。都江堰的建设和运用所体现出的深刻运管系统观，展示出的人水和谐、"天人合一"、共生共存的理念，以及人对自然尊重和自然与人融合的友好关系，是人类社会进步与持续发展的永久财富。

实例二　山东省日照水库运行管理

日照水库位于山东省日照市城西15 km处，工程自1958年10月动工兴建，1959年6月建成并投入运行。总库容3.2亿 m^3，兴利库容1.912亿 m^3。主坝长116 m，坝顶高47.4 m，最大坝高28 m；副坝长285 m，最大坝高8 m，控制流域面积548 km^2。主要水工建筑物有坝下涵管、溢洪闸和灌区等，是一座以防洪为主，结合灌溉、养殖、发电、城市供水等综合利用的大(二)型水库，为日照市城区供水水源地之一，同时还起到补源的功能。

对于多年调节综合利用的大型水库，主体工程的安全运行至关重要。对水库工程进行科学合理的运用、控制、调度，保证其安全、正常运行，才能充分发挥工程综合效益。

管理宗旨：为水库正常运行提供安全管理保障。

基本任务：负责水库工程设施的日常维护、安全检测、供水服务、水力发电等综合管理工作，承担水库防汛的有关工作。

（一）日常管理内容

1. 工程检查

工程检查分为日常检查、定期检查和特别检查三类，日常检查是对工程部分所作的经常性巡回检查，由专职人员负责进行，汛期组织大坝安全巡查小组强化检查力度；定期检查是在每年汛前、汛后、用水期前后及冰冻期前后，由管理单位负责组织技术人员对工程所作的全面检查；特别检查是工程在面临暴雨、特大洪水等非常运用情况或发生比较严重的破坏现象时，由管理单位或会同有关部门专家临时组织的专门检查。每次检查结果都按统一的记录表式做好翔实记录，并作阶段性总结上报，发现异常情况，及时上报处理。

检查内容包括大坝坝体、坝趾近区、防水洞、溢洪道等，一般对坝体注意观察坝顶、坝肩及坝脚处有无裂缝、滑坡、塌坑、兽洞以及水面是否有旋涡等，对坝趾区注意观察有无塌陷、集中渗水，承压水段渗水量及水质变化，坝坡排水沟是否畅通，溢洪道上下游、闸门及启闭设备运行情况以及大坝两端、坝体及建筑物结合部位是否有接触冲刷等。

检查时间根据实际需要灵活掌握，一般非汛期与工程观测同步进行，一个月不少于4次，汛期不少于6次，在发生大风、暴雨、较大洪水、水库高水位运行及库水位急剧升降等非常运用情况下，随时增加巡查次数，必要时昼夜巡查。

2. 工程观测

工程观测项目包括渗流观测、变形观测、溢洪闸观测和水文气象观测等，要按照规定的方法进行系统、定期观测，从观测资料中分析了解工程运用是否正常，如有问题，要查找原因，进行检查处理。

日照水库的渗流观测始于1963年，测压管水位观测方法采用人工实测，按照水利部发布的《土石坝安全监测技术规范》(SL 551—2012)和单位的“安全监测制度”要求，非汛期每10天测一次，每逢1日测(每月1日、11日、21日)，汛期月观测6次，每逢1日、6日测。但在高水位、库水位骤变、特大暴雨等特殊运行情况下，随机加测。坝后测水量采用容积法测，与测压管水位同时观测。渗流观测必须做到定人、定仪、定时、定次，对原始观测数据，按照水利部发布的《土石坝安全监测资料整编规程》(DL/T 5256—2010)要求做到：随观测、随记录、随校核、随整理。对观测资料，日清、月结、年总，整理存档。对观测结果及时分析，发现异常，及时分析原因并上报处理。

日照水库于2009年3月完成了大坝测压管水位自动观测系统安装，实现了测压管水位采集、数据处理、图表绘制的自动化，为人工分析提供快捷、准确、直观的基本资料，能够对大坝的运行状况实行有效监控。

对溢洪闸开展了底流、绕流、闸墩应力和变形观测。除变形观测外，底流、绕流观测均实现了数据的自动化采集，有专人负责定时采集底流、绕流管水位和闸墩应力观测值。

水文气象观测，根据汛期与非汛期的需要进行观测，主要由水文站负责。

3. 工程养护

按照“经常养护，随时修理，养重于修，修重于抢”的原则，做好工程养护管理工作。一般要保证：主、副坝坝顶平整，坝坡整齐美观，无缺损，无树根、高草，防浪墙、反滤体完整，廊道、导渗沟、排水沟畅通，无蚁害。输、泄水建筑物进出口岸坡完整，过水断面无淤积和障碍物；混凝土及圬工衬砌、消力池、工作桥、启闭机房等完好无损。灌溉、发电、供水等生产设施完好、运行正常。对机电设备要有金属结构、机电设备维护制度并明示；设备维修养护好，运用灵活，安全可靠；备用发电机组能随时启动，正常运行；机房内整洁美观；维修养护记录规范。

4. 工程维修

工程维修分为经常性养护维修、岁修、大修和抢修。

经常性养护维修是根据经常检查发现的问题而进行日常保养维修和局部修补，保持工程完整。

岁修是根据汛后检查所发现的工程问题，编制岁修计划，报批后及时进行修复。

大修是当工程发生较大损坏，修复工作量大，技术性较复杂时，报请上级主管部门会同有关单位研究制订专门的修复计划，报批后进行。大修工程要有维修设计、批复文件；修复及时，按计划完成任务；有竣工验收报告。

抢修是当工程发生突发事故危及工程安全时，组织力量进行的及时抢险，同时上报主管部门采取进一步的处理、加固措施。

5. 防汛调度

根据地域特征，每年的降雨和洪水主要集中在6～9月，即汛期，利用水库的调蓄作用和控制作用,有计划地控制调节洪水,减轻防汛压力,又能拦蓄充沛的来水蓄水兴利,综合利用水资源,优化调度,实现除害和兴利,是水管部门的重要职责。

防汛组织:每年汛前组织调整水库防汛指挥机构,落实以行政首长负责制为核心的防汛责任制。汛期召开全体防指成员会议,对当年防汛工作进行部署安排,将防汛责任制分解落实到各防指成员单位,明确各级防汛领导责任人,做到分工明确,各负其责。组织编排防汛三线队伍,即常备队、抢险队和后备队,明确队伍职责和组织纪律。

控制运用方案:每年汛前编制修订《汛期控制运用方案》《防洪抢险应急预案》和《防洪预案》。各方案对正常洪水调度原则、非常洪水和超标准洪水的应急措施、抢险方案、安全转移等工作内容都作了具体规定,方案经上报防汛主管部门批复后可作为本年度调度运用的依据。另外,针对水库管理中可能遭遇的突发事故,如发生超设防地震、超标准洪水等自然灾害;严重水污染、工程隐患导致溃坝等事故灾难;恐怖袭击、人为破坏等社会安全事件,特编制有《大坝安全管理应急预案》和《防洪抢险应急预案》,以切实提高水管部门应对突发事件的能力。

防汛物资:本着"宁可备而不用,不可用而无备"的原则,立足防大汛、抗大洪,对防汛物料按照上级防汛部门下达的定额配备,筹备不足,补充消耗,建档立卡,实行专人管理。

运用管理:在汛期水库调度运行管理中,严格执行省防办批复的控制运用计划和运用指标,同时要结合工程运用实际,参考中、短期气象和水文预报,正常处理蓄水兴利和防洪安全之间的关系,进行优化调度。汛期结束,做好年度调度运用工作总结,总结经验,查找不足,摆出问题,制订岁修计划,为未来的防汛工作奠定基础。

6. 经营管理

充分利用水、土资源,进行库面淡水鱼养殖、农田灌溉、水力发电、城市供水、经济园林种植等多种综合项目经营。

经营收入除保障水管单位的日常开支外,每年从收入中提取部分经费用于工程维修和养护,以实现主体工程运用的良性循环。

水利工程的效益不仅包括经济效益,还包括社会效益和生态效益。各种效益受年度流域降水、径流、洪水等自然因素影响,具有随机性和可变性,而且各种效益大小必须统筹兼顾、综合衡量。

(二)水库除险加固

山东省的大中型水库大多数建设于20世纪五六十年代,受当时建设条件、技术所限,多数水库建设标准较低,经过多年运行,工程老化、退化严重。近年来,国家加大了水利投资力度,针对安全鉴定确定的病险水库展开了除险加固的热潮。除险加固使病险水库除病脱险,生机再现,防洪、防渗、抗震、泄洪能力都有了较大提高,而且建设中伴随着景观水利和生态水利的观念渗透,加固后的库容和库貌都有了较大的改善。2003年底日照水库完成水库除险加固工程,总投资1.293亿元,共完成土石方21.0万 m^3、砌石4.09万 m^3、混凝土2.32万 m^3。

(三)运行管理现代化发展

在近几年来的水利工程建设和管理中,水利部门积极引进、推广应用管理新技术,改善管理手段,增加管理科技含量,走水利信息化、办公自动化带动工程管理现代化的道路。

日照水库以灌区节水改造和实施除险加固工程为契机，先后建成了雨水情自动测报系统、灌区测水量水项目、溢洪闸自动化控制系统、防汛视频监视系统和大坝测压管水位自动化观测系统，并建立了单位信息数据库和计算机局域网。除溢洪闸自动化控制系统外，各系统中控室设在办公楼防洪调度中心，能够实现对各自信息系统运行状况的模拟可视。

附

日照水库工程管理制度

日照水库是一座以防洪为主，结合灌溉、供水、发电、养殖等综合利用的大(二)型水库。工程管理工作主要由检查观测、养护修理和防汛调度。针对水库除险加固后面临的新形势、新任务，为加强工程管理，以保证水库安全和充分发挥水库效益，不断提高管理水平，特制定本制度如下。

(一)工程管理人员工作内容及职责

贯彻执行有关法律法规、方针政策和上级主管部门的指示；掌握并熟悉本工程的规划、设计、施工和管理运行等资料；进行检查观测、养护修理，随时掌握工程动态，消除工程缺陷；做好水文预报、掌握雨情、水情，了解气象预报，做好工程的调度运用及防汛工作；建立健全工程技术档案，通过管理运用，积累资料，分析整编，总结经验，不断改进工作。

(二)水库工程检查工作

加强对水库工程的检查观测，监视工程的状态变化和工作情况，为正确管理运用提供科学依据，及时发现异常现象，分析原因，果断采取措施，排除工程隐患，杜绝工程事故发生，保证工程安全运用。工程检查工作可分为经常检查、定期检查、特别检查和安全鉴定。

1. 经常检查

对建筑物各部位、部门及启闭设备、通信设备、水流形态等进行经常性的检查观测，由专职人员负责进行。

2. 定期检查

每年汛前、汛后，用水期前后对水库工程及各项设施进行定期检查。由管理单位负责人组织，对水库工程进行全面或专项检查。定期检查应结合观测工作及有关分析资料进行。

3. 特别检查

当发生特大洪水、暴雨、暴风、工程非常运用等情况时，管理单位负责人应及时组织力量进行检查，必要时报请上级主管部门及有关单位会同检查。

4. 安全鉴定

水库建成后，在运用头3～5年内，必须对工程进行一次全面鉴定，以后每隔6～10年进行一次。安全鉴定由主管部门组织，管理、施工、设计、科研等单位及有关专业人员共同参加。

水库工程观测工作必须严格按照规定的测次和时间进行全面、系统和连续的观测。所有检查都要认真进行，详细记载、存档。发现问题要及时报告、及时处理，定期检查、特别检查和安全鉴定均应作出书面报告，报上级主管部门。

(三)养护修理

要按照“经常养护,随时维修,养重于修,修重于抢”的原则进行,对水库工程进行养护修理,应保持工程和设备完好。一般可分为经常性养护维修、岁修、大修和抢修。

(1)经常性养护维修是根据经常检查发现的问题而进行日常保养维护和局部修补,保持工程完整。

(2)根据汛后检查所发现的工程问题,应编制岁修计划,报批后及时进行岁修。

(3)当工程发生较大损坏,修复工作量大、技术性较复杂时,应报请上级主管部门会同有关单位研究制订专门的修复计划,报批后进行大修。

(4)当工程发生事故危及工程安全时,应立即组织力量进行抢修,并同时上报主管部门采取进一步的处理措施。

(四)防汛调度

(1)防汛是为防止或减轻洪水灾害,充分发挥工程的错峰作用,在汛期进行的防御洪水的工作,其目的是保证水库和水库上、下游地区的安全。必须坚持“安全第一,常备不懈,以防为主,全力抢险”的防汛方针,做到汛前有准备,汛期有措施,防洪工程措施与非工程措施相结合,贯彻落实防汛责任制,汛后及时总结经验。

(2)调度运用应本着“局部服从整体、兴利服从防洪”的调度原则,根据工程现状和运用经验,结合库区迁移安置和下游河道安全泄量的实际情况,根据批准的设计运用计划和运用指标,保证工程安全,科学处理除害和兴利的关系,充分发挥工程效益。

(五)附表

(1)日照水库日常巡视检查记录表。

(2)日照水库大坝巡查问题处理记录表。

(3)日照水库工程年度巡视检查记录表。

(4)工程年度巡视检查初步分析及处理意见。

(5)日照水库工程特别检查记录表。

(6)工程特别巡视检查初步分析及处理意见。

(7)日照水库管理局工程养护维修记录表。

实例三　四川省黑龙滩浆砌条石重力坝病害处理实例

四川省眉山市仁寿县黑龙滩浆砌条石重力坝,于1971年建成,最大坝高55 m,总库容3.6亿 m^3,为一大型的灌溉蓄水工程。由于设计考虑不周,勘测条件较差,加施工质量控制不严,因此蓄水后出现了多方面的病害。

(一)病害情况

黑龙滩重力坝的病害是多方面的,主要有以下几方面。

1. 坝体抗滑稳定性不够

施工时发现坝基内有黏土夹层,但未能全部清除,实际的摩擦系数远小于设计采用值0.55。因此,大坝的抗滑稳定性不够,需加固处理。

2. 渗漏

坝体和坝基均有严重渗漏现象,坝内廊道多处漏水,当水库蓄水位较高时,右岸坝肩基岩也大面积渗水。据 1973 年 5 月观测，当库水位为 471 m 时，大坝渗漏水量为 96 L/min。

3. 裂缝

坝体有多处裂缝，有的为贯穿性裂缝。在廊道左岸出口下游坝面附近的一处裂缝，还有射水现象。

4. 廊道排水沟淤积

由排水带出大量钙质析出物，这些钙质析出物沿廊道排水沟沉积，每周沉积厚度可达 1 cm。

5. 排水孔堵塞

由于部分排水孔被堵塞，造成坝体扬压力增大，增加了坝体的不稳定性。

（二）处理方法及效果

根据病害情况，采用了坝身灌浆、坝基帷幕补强灌浆和加厚坝体的综合处理方案。由于放空水库存在实际困难，而且渗漏范围较大，故未采取上游面勾缝或作防渗面板的处理措施。

坝身灌浆采用坝顶钻孔灌浆方法，经过处理后，坝身裂缝多已闭合，渗漏情况也大为好转，渗漏范围大为减小，廊道内和下游坝坡已能基本上保持干燥状态。

帷幕灌浆时，排距 2 m，孔距 3 m，部分坝段孔距加密至 1.5 m。河床段深入基岩 40 m，两岸坝肩段深入基岩 25 ~ 30 m。帷幕补强后，坝基渗漏也明显减少。

通过坝身灌浆和帷幕灌浆后，1974 年初测得渗透流量已减少为 26 L/min，仅约为原渗透流量的 1/4。

坝体加厚，一方面通过地质勘测工作，确定黏土夹层的摩擦系数，另一方面根据库水位实际达到 480 m 时，认为原坝体处于极限平衡状态，求出摩擦系数，然后根据蓄水至 484 m，并保持一定的抗滑稳定系数的要求，求得须加宽坝体 13 m，整个加厚坝体如图 2-1 所示。核算结果，稳定系数满足要求。

处理工作结束后，水库蓄水运用正常。

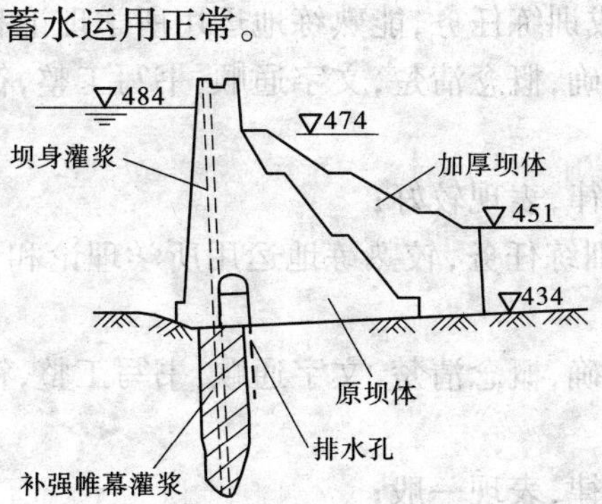

图 2-1　黑龙滩重力坝病害处理示意图

六、项目报告

该项目训练结束后，由项目小组成员写作并提交训练报告，训练报告可参考如下格

式:

(1)训练项目名称。

(2)训练目的。

(3)训练地点。

(4)训练内容。

(5)训练结语。

七、考核评价

该项目采用“考核评价过程化”的考核评价方法。将考核评价贯穿于整个实训过程之中,帮助学生初步获得总结、反思及自我反馈的能力。项目组采用“自我评价+小组评价+教师总评价”相结合的过程评价法,将学生学习与工作态度、工作习惯、工作安全、施工现场的管理、团队协作等结合在实训过程中,培养学生对学习和工作任务进行反思并进行改善的习惯。

(1)教师评价(占70%)。学生在练习过程中,教师通过学生的日常表现、工作任务完成、成果及小组答辩等情况打分。

(2)自我评价+小组评价(占30%)。学生在训练期间要服从领导、尊重教师,遵守纪律,注意安全,逐日写出实习笔记。实训结束时,写出实训报告。项目小组根据学生的平时考勤、实训成果质量按五级记分评定方法评定。

平时考察主要检查学生的出勤情况、学习态度、是否独立完成训练内容等方面。项目成果的检查,着重检查项目报告的完整性和正确性。成绩的评定要按训练项目的目的要求,突出学生独立解决工程实际问题的能力和创新性的评定。

实训成绩按优秀、良好、中等、及格和不及格五级评定,评定参考标准如下。

1.优秀

(1)工作努力,遵守纪律,表现好;

(2)能按时优异地完成训练任务,能熟练地运用所学理论和专业知识;

(3)项目报告完整、正确,概念清楚,文字通顺,书写工整,符合要求。

2.良好

(1)工作努力,遵守纪律,表现较好;

(2)能按时独立完成训练任务,较熟练地运用所学理论和专业知识,具有一定的综合分析和解决问题的能力;

(3)项目报告完整、正确,概念清楚,文字通顺,书写工整,符合要求。

3.中等

(1)工作努力,遵守纪律,表现一般;

(2)基本能按时独立完成训练任务,综合分析和解决问题的能力一般;

(3)项目报告完整、正确,概念较清楚,书写工整,符合要求。

4.及格

(1)工作态度及表现一般;

(2)勉强完成训练任务,基本达到要求,综合分析和解决问题的能力较差;

(3)项目报告基本完整、正确,书写工整,基本符合要求。

5. 不及格

(1)工作不努力,表现较差;

(2)未能达到规定的基本要求,训练内容中有原则性错误;

(3)项目报告不完整,概念不清,不符合要求。

凡训练成绩不及格者,必须再次进行该项目的训练。

思考题

1. 水库工程通常包括哪些类型的水工建筑物?它们的作用分别是什么?

2. 水库工程运行管理的主要任务是什么?主要内容有哪些?

3. 土石坝、混凝土坝常见的病害有哪些?分别如何巡查及维修加固?

4. 土石坝、混凝土坝日常养护的内容有哪些?

5. 通过本项目训练,你有哪些收获?

项目三　土石坝、混凝土坝的变形监测训练

一、训练目的

教师组织学生到典型的实际水库大坝或水利工程仿真实训中心，如长江三峡大坝、鲁布革水电站堆石坝、日照水库大坝、龙河口水库大坝等，进行大坝的变形监测工作，从而掌握土石坝、混凝土坝变形监测的技能。

二、能力目标

(1)能运用土石坝、混凝土坝变形监测的方法与原理布设监测标点。

(2)会观测土石坝的水平位移和垂直位移。

(3)会观测混凝土坝及浆砌石坝的水平位移、挠度和垂直位移。

(4)会整理与分析土石坝、混凝土坝变形监测资料。

三、训练内容

(一)土石坝变形监测

1. 土石坝横向水平位移监测

1)土石坝横向水平位移观测的方法、原理及设施仪器

(1)观测方法与原理。

测定土石坝水平位移的方法很多，主要有视准线法、小角度法、前方交会法、激光准直法等。

视准线法测定土石坝水平位移的原理，是在坝体两端岸坡上各建立一个工作基点，通过两工作基点构成一条基准线，测量坝体某点到基准线的距离，其距离变化量即为该点的坝体位移。

(2)测点结构。

①位移标点。有块石护坡的土石坝埋设的位移标点形式如图3-1(a)所示，标点柱身为ϕ50 mm的铁管。铁管浇筑在混凝土底座上，底座埋设在坝体内。砖石砌体是为了防止护坡块石位移对铁管形成挤压。无块石护坡的位移标点形式如图3-1(b)所示，标点柱身和底座为钢筋混凝土结构。标点顶部高出坝面50～80 cm，底座位于最深冰冻线以下0.5 m处。

②工作基点。工作基点供安置仪器和照准标志以构成基准线，分固定工作基点和非固定工作基点两种。布设在两岸山坡上的工作基点为固定工作基点。当大坝较长或为折线形坝时，需要在两个固定工作基点之间的坝体上增设工作基点，这种工作基点为非固定工作基点。固定工作基点和非固定工作基点的结构型式相同。工作基点包括混凝土墩和

上部结构两部分。混凝土墩通常由高 100～200 cm、断面 30 cm×30 cm 的混凝土柱体和长宽各 100 cm、厚 30 cm 的底板组成，如图 3-2 所示。

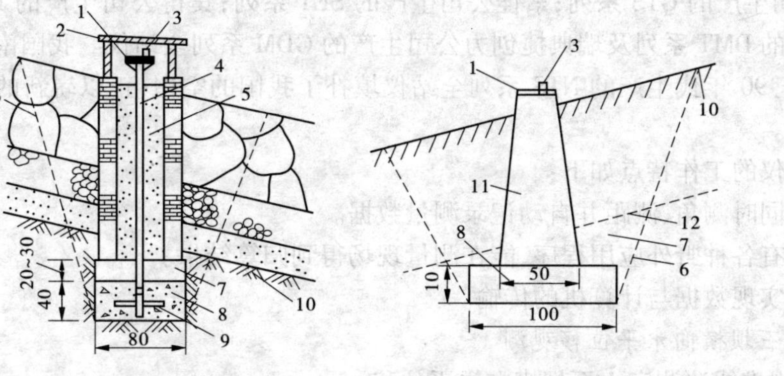

(a)　(b)

1—观测盘；2—保护盖；3—垂直位移标点；4—Φ50 mm 铁管；5—填砂；6—开挖线；
7—回填土；8—混凝土底座；9—铁销；10—坝体；11—柱身；12—最深冰冻线

图 3-1　土石坝位移标点结构示意图　（单位：cm）

③校核基点。校核基点的结构型式和尺寸与工作基点相同，通常埋设在工作基点附近的地基稳定处。

④观测盘。位移标点、工作基点和校核基点顶部均要设置供安置观测仪器或测量设备用的观测底盘。其形式，一种是金属托架式，是一种类似经纬仪三角架上的三角形仪器底盘，浇筑混凝土墩时，将其埋设在混凝土墩顶部，这种底盘的对中误差较大。另外，还有三槽式、三点式强制对中底盘，它们的对中误差较小。此外，对于简易测量法或只用钢尺丈量时，观测底盘上只须刻十字丝即可。

(3) 观测仪器设备。

视准线法观测一般用经纬仪配用觇标。如 J_2 级或 J_1 级经纬仪（对于不太长的土石坝可用 J_2 级经纬仪，坝长超过 500 m 时最好使用 J_1 级经纬仪）、激光经纬仪等。

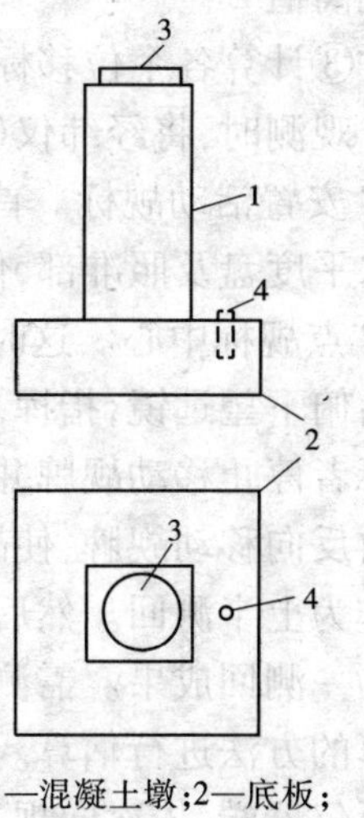

1—混凝土墩；2—底板；
3—观测盘；4—金属标点头

图 3-2　工作基点结构示意图

土石坝水平位移的观测也可直接用全站仪，如 TCA2003 全站仪、TS30 全站仪等。

全站仪简介如下：

随着科学技术的不断发展，由光电测距仪、电子经纬仪、微处理仪及数据记录装置融为一体的电子速测仪（简称全站仪）正日臻成熟，逐步普及。这标志着测绘仪器的研究水平制造技术、科技含量、适用性程度等，都达到了一个新的阶段。

全站仪能自动地测量角度和距离，并能按一定程序和格式将测量数据传送给相应的数据采集器。全站仪自动化程度高，功能多，精度好，通过配置适当的接口，可使野外采集的测量数据直接进入计算机进行数据处理或进入自动化绘图系统。与传统的方法相比，省去了大量的中间人工操作环节，使劳动效率和经济效益明显提高，同时也避免了人工操作、记录等过程中差错率较高的缺陷。

目前生产的全站仪系列有:瑞士徕卡公司生产的 TCA 系列全站仪;日本 TOPCON(拓普康)公司生产的 GTS 系列;索佳公司生产的 SET 系列;宾得公司生产的 PCS 系列;尼康公司生产的 DMT 系列及瑞典捷创力公司生产的 GDM 系列全站仪。我国南方测绘仪器公司 20 世纪 90 年代生产的 NTS 系列全站仪填补了我国的空白,正以崭新的面貌走向国内国际市场。

全站仪的工作特点如下:

①能同时测角、测距并自动记录测量数据。

②设有各种野外应用程序,能在测量现场得到归算结果。

③能实现数据与计算机的传输。

2)土石坝横向水平位移观测

(1)视准线法测定土石坝横向水平位移。

固定端点设站观测法:

①观测刚埋设完毕的各个位移标点偏离视准线的距离,即初始偏距(埋设偏距)L_0。

②根据观测时间与测次的要求,逐次观测各个位移标点实际偏离视准线的距离,即观测偏离值 L_i。

③计算各个位移标点的横向水平位移量(累计、间隔)δ。

观测时,将经纬仪(或大坝视准仪)安置在工作基点 A,在点 B 安置固定觇标,在位移点 C 安置活动觇标。首先将经纬仪整平并调焦瞄准 B 点的固定觇标中心,随即固定经纬仪水平度盘及照准部,使其不能左右转动。再次准确调焦,并调整水平微动螺旋,精确瞄准 B 点觇标中心。这时通过望远镜十字丝中心在空中得到一条通过 A、B 两点的视准线。然后俯下望远镜,指挥 C 点司标者移动觇牌,使觇牌的中线与望远镜的竖丝重合,随即令司标者停止移动觇牌并读数。读数后继续在原来方向上移动觇牌,令觇牌离开视准线,然后再反向移动觇牌,使觇牌中线再次与视准线重合,再读数。一般读取 2 ~4 次,取其平均值作为上半测回。然后倒转望远镜,按上述方法测下半测回。取盘左盘右读数的平均值作为一测回成果。需测的测回数根据精度要求、视线长度及所用的仪器而定,也可由精度估算的方法进行估算。其余各标点的观测方法与 C 点一样。观测标点的顺序一般是从靠近仪器端,依次向坝另一端观测。如果坝较长,前视最远处位移标点视线超过 250 m 时,可在 A 点安置仪器观测靠近 A 点 1/2 坝长内的位移标点,然后将仪器搬至 B 点,在 B 点后视 A 点固定觇标后,观测靠近 B 点 1/2 坝长内的位移标点。

中点设站观测法:

当坝长超过 500 m,观测位移标点的视距超过 250 m 时,需在坝体中间增设非固定工作基点。将经纬仪安置在变位后的非固定工作基点 K' 上,在固定工作基点 A 和 B 上分别安置固定觇标和活动觇标。先于盘左位置后视 A 点的固定觇标,使十字丝竖丝与觇标中心精确重合,固定水平度盘及照准部;倒转望远镜前视 B 点的活动觇标,并移动觇标,使觇标中心与视线重合 n 次,读取 n 次读数,为上半测回。然后在水平方向将仪器旋转 180°,以盘右位置测下半测回,两半测回为一测回,按精度要求依此法施测若干测回。如图 3-3 所示。

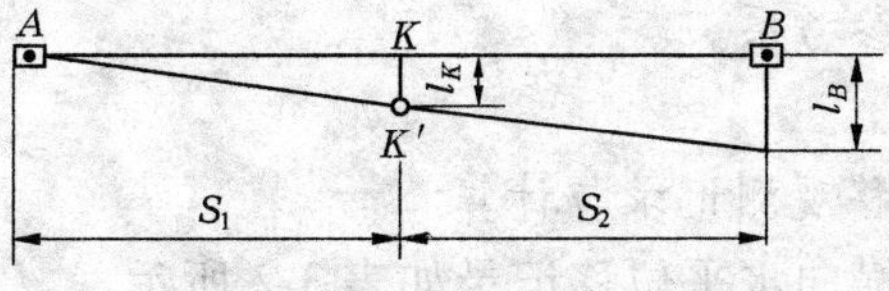

图 3-3　直线坝非固定工作基点中点设站观测示意图

则 K'点的偏离值为

$$l_K = 0.5 l_B$$

式中：l_B 为 B 点活动觇标读数。

如果 K 点未设在 A、B 中点，即 $S_1 \neq S_2$ 时，l_K 的计算式为

$$l_K = \frac{S_1}{S_1 + S_2} l_B$$

为了确保用视准线法观测土坝水平位移量的可靠性，必须对观测成果提出一定的精度要求。按《土石坝安全监测技术规范》(SL 551—2012)规定，用视准线法校测工作基点，观测增设的工作基点时，允许误差应不大于 2 mm，观测位移标点时，每测回的允许误差应不大于 4 mm(取 2 倍中误差)，所需测回数不得少于两测回。

为保证用视准线法观测土坝水平位移的精度，其观测要求如下：

①用视准线法观测土坝水平位移，测站到标点的视线距离愈长，观测误差也愈大。用 T_3 经纬仪观测视线不超过 400 m；用其他经纬仪观测视线不超过 300 m，则一个测回的中误差不超过 2 mm。

②若要达到观测中误差不超过 2 mm，需根据表 3-1 按视线长度确定需要观测的测回数。如视线长度达 500 m 者，用 T_3 经纬仪观测需进行 2 个测回，其他经纬仪需进行 3 个测回。

表 3-1　达到观测中误差不超过 2 mm 按视线长度确定需要观测的测回数

仪器	视线长度(m)					
	100	200	300	400	500	600
T_3 经纬仪	1	1	1	1	2	2
T_1 经纬仪	1	1	1	2	3	4
J_{15}经纬仪	1	1	1	2	3	4

③当规定用视准线法观测水平位移，每一测点进行 2 个测回，则要达到观测中误差不超过 2 mm 时，对 T_3 经纬仪，视线长度不宜超过 600 m；对其他经纬仪，视线长度不宜超过 400 m。

(2)全站仪测定土石坝横向水平位移。

全站仪测定土石坝水平位移是在大坝的下游布设控制点 A、B，在大坝上布设变形监测点 P，建立三维坐标系，利用全站仪进行边角交会，然后编制测量平差程序，解析变形点的三维坐标，求出三维变量。

①布设测点。

②施测控制点。

③选择参考面和建立参考系。

④施测变形监测点。

3)土石坝横向水平位移观测记录与计算

视准线法测定土石坝横向水平位移记录如表3-2所示。

表3-2 视准线法测定土石坝水平位移观测记录表

日期＿＿＿＿ 天气＿＿＿＿ 气温＿＿＿＿ 水位＿＿＿＿

测站＿＿＿＿ 后视＿＿＿＿ 司标＿＿＿＿ 司镜＿＿＿＿

记录＿＿＿＿ 计算＿＿＿＿ 校核＿＿＿＿ （单位:mm）

测点	测回	正镜			倒镜			一次测回平均值	本次偏离值	埋设偏距	上次偏离值	间隔位移量	累计位移量
		1	2	平均	1	2	平均						
	1												
	2												
⋮													

视准线法测定土石坝横向水平位移计算如下：

(1)累计横向水平位移量(mm)：

$$\delta_1 = L_1 - L_0$$
$$\delta_2 = L_2 - L_0$$
$$\vdots$$
$$\delta_{i-1} = L_{i-1} - L_0$$
$$\delta_i = L_i - L_0$$

(2)间隔横向水平位移量(mm)：

$$\delta_{j1} = \delta_1 - 0 = L_1 - L_0$$
$$\delta_{j2} = \delta_2 - \delta_1 = L_2 - L_1$$
$$\vdots$$
$$\delta_{ji-1} = \delta_{i-1} - \delta_{i-2} = L_{i-1} - L_{i-2}$$
$$\delta_{ji} = \delta_i - \delta_{i-1} = L_i - L_{i-1}$$

2.土石坝垂直位移监测

1)土石坝垂直位移观测的方法、原理及设施仪器

(1)观测方法与原理。

土石坝垂直位移测定的方法常用水准测量法。

土石坝垂直位移测定的原理，是在坝体上布设位移标点，在两岸坡布置起测基点，在受库水位变化影响较小的地基稳定处设置水准基点。由水准基点引测起测基点的高程，再由起测基点引测位移标点的高程，位移标点的高程变化量即为测点处的坝体垂直位移。

(2)测点结构。

①垂直位移标点。垂直位移标点与水平位移标点常结合在一起，只须在水平位移标点顶部的观测盘上加制一个圆顶的金属标点头，如图3-1所示。

②起测基点。起测基点可与水平位移的工作基点结合在一起。若工作基点不能满足起测基点稳定性要求，可单独布设，其形式如图 3-4、图 3-5 所示。

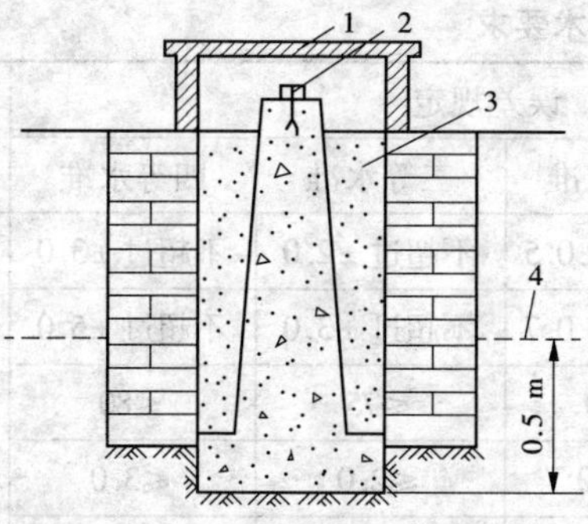

1—盖板；2—标点头；3—填砂；4—冻土线

图 3-4 土基上的起测基点

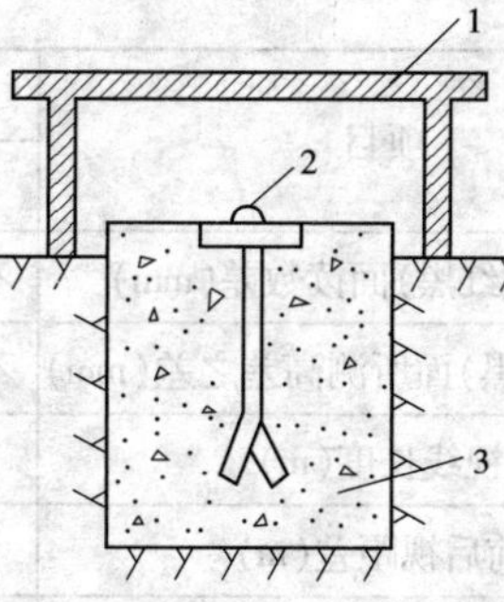

1—保护盖；2—标点头；3—混凝土

图 3-5 岩基上的起测基点

③水准基点。土基中埋设的水准基点如图 3-6 所示，它由混凝土构件组成，主副点由不锈钢或铜制成，副点设置在底座的正北方。埋设于新鲜基岩上的水准基点如图 3-7 所示。

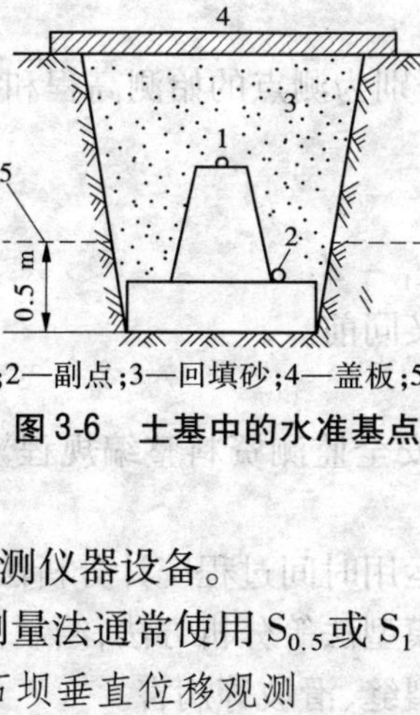

1—主点；2—副点；3—回填砂；4—盖板；5—冻土线

图 3-6 土基中的水准基点

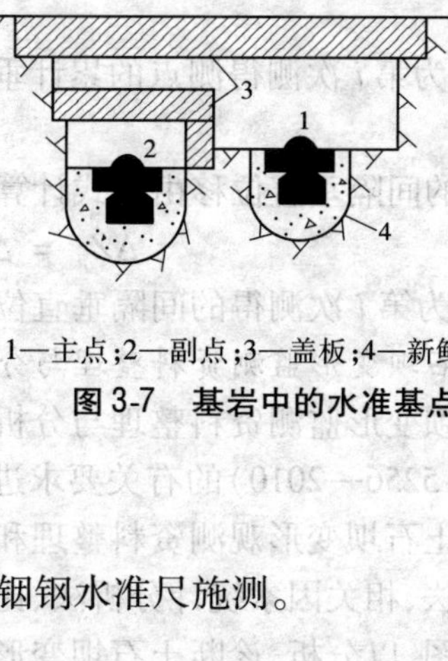

1—主点；2—副点；3—盖板；4—新鲜基岩

图 3-7 基岩中的水准基点

(3)观测仪器设备。

水准测量法通常使用 $S_{0.5}$ 或 S_1 精密水准仪配用铟钢水准尺施测。

2)土石坝垂直位移观测

(1)由水准基点校测各起测基点的高程。

校测起测基点用二等水准测量，由水准基点的主点与所有起测基点构成水准环网联测。

水准测量的技术要求有严格的规定，分别列于表 3-3 中。因施测路线不变，为了提高观测精度，可以把测站和转点固定。

起测基点的校测为精密水准测量，按照需要每年或两年校测一次。

(2)由起测基点测定各垂直位移标点的高程。

垂直位移标点测量一般按三等普通水准测量进行，所选仪器的望远镜放大倍数不宜小于 30 倍。施测中从坝一端的起测基点开始，逐一测量各位移标点，到坝另一端起测基点止，并进行返测。为了提高观测精度与效率，应坚持固定人员、仪器、测站、时间的“四固定”，并使每测站的前后视距相等。具体施测方法与技术要求同普通水准测量，可参考规范进行。

表3-3 水准测量技术要求

项目	误差规定				说明
	一等水准	二等水准	三等水准	四等水准	
基辅（或红黑）面读数差(mm)	不超过±0.3	不超过±0.5	不超过±2.0	不超过±3.0	K为平均路线长，以km计；L为路线长，以km计
基辅（或红黑）面所测高差之差(mm)	不超过±0.5	不超过±0.7	不超过±3.0	不超过±5.0	
视线长度(m)	≤35	≤50	≤75	≤80	
前后视距差(m)	≤0.5	≤1.0	≤2.0	≤3.0	
前后视距累计差(m)	≤1.5	≤3.0	≤5.0	≤10	
往返测高差不符值(mm)	不超过$\pm2\sqrt{K}$	不超过$\pm4\sqrt{K}$	不超过$\pm12\sqrt{K}$	不超过$\pm20\sqrt{K}$	
闭合（或附合）路线高差闭合差(mm)	不超过$\pm2\sqrt{K}$	不超过$\pm4\sqrt{K}$	不超过$\pm12\sqrt{K}$	不超过$\pm20\sqrt{K}$	

3）土石坝垂直位移观测记录与计算

垂直位移观测是通过测量坝体测点的高程，由高程的变化量得出坝体的垂直位移，即

$$\Delta Z_i = Z_0 - Z_i$$

式中：ΔZ_i为第i次测得测点的累计垂直位移；Z_0、Z_i分别为测点的始测高程和第i次测得的高程。

测点的间隔垂直位移由下式计算

$$\Delta Z_{ji} = \Delta Z_i - \Delta Z_{i-1} = Z_{i-1} - Z_i$$

式中：ΔZ_{ji}为第i次测得的间隔垂直位移，其余符号意义同前。

3. 土石坝变形监测资料整理与分析

土石坝变形监测资料整理与分析可参照《土石坝安全监测资料整编规程》(SL 169—96或DLT 5256—2010)的有关要求进行。

在对土石坝变形观测资料整理和整编的基础上，运用时间过程统计分析法、空间分布统计分析法、相关因素统计分析法、比较分析法、数学模型法等分析方法，绘制土石坝基本变形曲线图，以分析、诊断土石坝变形是否正常，有无裂缝、滑坡等病害。

土石坝基本变形曲线图包括：

(1)累计水平位移和垂直位移过程线。

(2)垂直位移分布图。包括纵断面垂直位移分布图、横断面垂直位移分布图、垂直位移等值线图等。

(3)水平位移平面分布图。

（二）混凝土坝及浆砌石坝变形监测

1. 混凝土坝及浆砌石坝水平位移监测

1）混凝土坝及浆砌石坝水平位移观测的方法、原理及设施仪器

(1)观测方法与原理。

测定混凝土坝及浆砌石坝水平位移的方法很多，主要有视准线法、小角度法、前方交

会法、激光准直法、引张线法等。

引张线法测定混凝土坝及浆砌石坝水平位移的原理，是在设于坝体两端的工作基点间拉紧一根钢丝作为基准线（称为引张线），然后测量坝体上各测点相对基准线的偏离值，以计算水平位移量。

（2）观测设施结构。

引张线法观测设施仪器如图 3-8 所示。

图 3-8　引张线法观测设施仪器

①钢丝。一般采用$\phi 0.8 \sim \phi 1.2$ mm 的不锈钢丝，钢丝强度要求不小于1.5×10^6 kPa。为了防止风的影响和外界干扰，全部测线需用$\phi 10$ cm 的钢管或塑料管保护。正常使用时，钢丝全线不能接触保护管。

②端点装置。端点装置由混凝土基座（墩）、夹线装置、滑轮、悬挂装置以及重锤等组成，如图 3-9所示。

夹线装置的作用是使钢丝始终固定在一个位置上。其构造是在钢质基板上嵌入一个铜质 V 形夹槽，将钢丝放入 V 形槽中，盖上压板，旋紧压板螺丝，测线即被固定在这个位置上。夹线装置安装时，需注意 V 形槽中心线与钢丝方向一致，并落在滑轮槽中心的平面上。但要注意，当测线通过滑轮拉紧后，测线与 V 形槽中心线应重合，并且钢丝高出槽底 2 mm 左右。

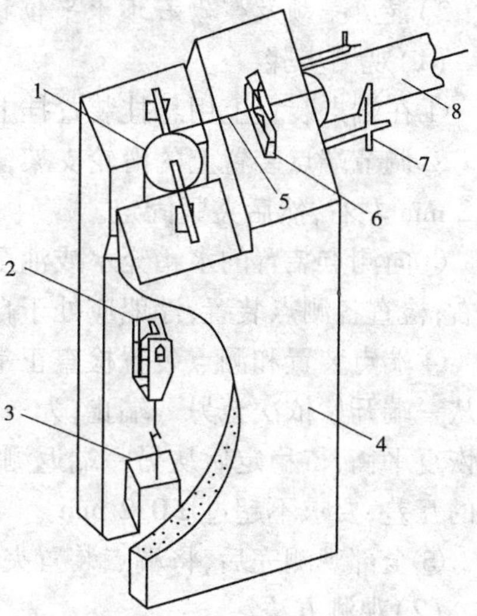

1—滑轮；2—悬挂装置；3—重锤；4—混凝土墩；
5—钢丝；6—夹线装置；7—支架；8—钢管

图 3-9　引张线端点装置

③测点装置。设置在坝体测点上，由水箱、浮船、读数尺和保护箱构成，如图 3-10 所示。浮船支撑钢丝，在钢丝张紧时，浮船不能接触水箱，以保证钢丝在过两端点 V 形夹线

槽中心的直线上。读数尺为150 mm长的不锈钢尺,固定在槽钢上,槽钢埋入坝体测点位置。安装时应尽可能使各测点钢尺在同一水平面上,误差不超过±5 mm。测点也可不设读数尺而采用光学遥测仪器。测点装置一般20~30 m设置一个。保护管固定在保护箱上。

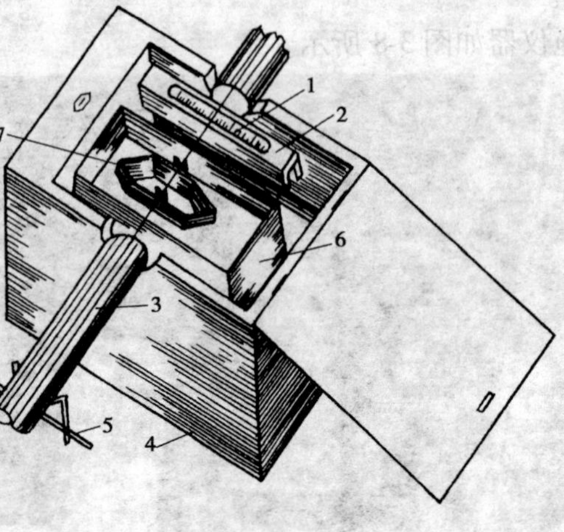

1—量测标尺;2—槽钢;3—保护管;4—保护箱;5—保护管支架;6—水箱;7—浮船

图3-10　引张线测点装置

(3)观测仪器设备。

引张线法观测通常使用标尺、读数显微镜或引张线遥测仪等仪器设备。

2)混凝土坝及浆砌石坝水平位移观测

(1)观测步骤。

①在端点装置上用悬挂装置挂上重锤,使钢丝张紧。

②调节端点装置上的滑轮支架,使钢丝通过夹线装置V形槽中心,并使钢丝高出槽底2 mm左右,然后夹紧固定。

③向测点装置的水箱充水或油至正常位置,使浮船托起钢丝,并高出标尺面0.5 mm左右;检查各测点装置,浮船应处于自由浮动状态,钢丝不应接触水箱边缘和全部保护管。

④端点装置和测点装置检查正常后,待钢丝稳定30 min,即可安置仪器进行测读。测读从一端开始依次至另一端止,为一测回。测完一测回后,将钢丝拨离平衡位置,让其浮动恢复平衡,待稳定后从另一端返测,进行第二测回测读。如此观测2~4个测回,各测回值的互差,要求不超过±0.2 mm。

⑤全部观测完后,将端点装置夹线松开,取下重锤。

(2)观测方法。

①直接目视法。用肉眼并使视线垂直于尺面观测,分别读出钢丝左边缘和右边缘在标尺上投影的读数 a 和 b,估读至0.1 mm,得出钢丝中心在标尺上的读数为

$$L = (a + b)/2 \quad (\text{mm})$$

②挂线目视法。在靠近标尺的钢丝上系上一根细丝线,下挂小锤,用肉眼正视标尺直接读数。

③读数显微镜法。该法是将一个具有测微分划线的读数显微镜置于标尺上方，测读毫米以下的数，而毫米整数直接用肉眼读出。如图3-11所示。观测时，先用肉眼读取标尺上的毫米整数 r，再将读数显微镜垂直于标尺，调焦至成像清晰，转动显微镜内测管，使测微分划线与钢丝平行。然后左右移动显微镜，使测微分划线与标尺毫米分划线的左边缘重合，读取测微分划线至钢丝左边缘的间距 a。第二次移动显微镜，将测微分划线与标尺毫米分划线的右边缘重合，读取测微分划线至钢丝右边缘的间距 b。则钢丝中心在标尺上的读数为：

$$L = r + \frac{a+b}{2}$$

式中：r 为从标尺上读取的毫米整数；$(a+b)/2$ 为标尺毫米分划线中心至钢丝中心的距离。

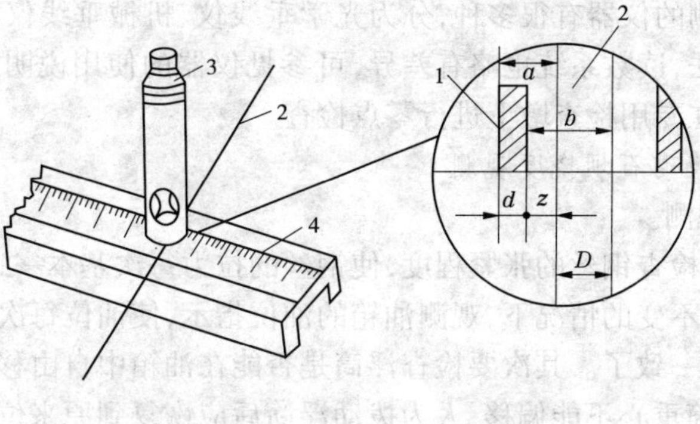

1—标尺毫米分划线；2—钢丝；3—读数显微镜；4—标尺

图3-11　读数显微镜法观测示意图

2. 混凝土坝及浆砌石坝挠度监测

1）混凝土坝及浆砌石坝挠度观测的方法、原理及设施仪器

（1）观测方法与原理。

测定混凝土坝及浆砌石坝挠度常用垂线法，垂线法分为倒垂线与正垂线两种。

正垂线法观测的原理，是在坝体的观测竖井或廊道顶部的一个固定点上悬挂一条带有重锤的不锈钢丝，以此铅垂线为基准。若坝体变形，测量出坝体不同高程测点相对坝基的水平位移。

倒垂线法观测的原理，是将一根不锈钢丝的下端埋设在大坝地基深层基岩内，上端连接浮体，使浮体漂浮在液体上，利用液体对浮体的浮力拉紧钢丝，以此铅垂线为基准，测出坝体各测点到钢丝距离的变化量，即为坝体的水平位移。

（2）观测设施结构。

倒垂线装置由浮体组、垂线和观测台构成。

正垂线装置由悬挂装置、夹线装置、不锈钢丝、重锤、油箱、观测台构成。

①悬挂装置。供吊挂垂线之用，常固定支撑在靠近坝顶处的廊道壁上或观测井壁上。

②夹线装置。固定夹线装置是悬挂垂线的支点，在垂线使用期间，应保持不变。即使在垂线受损折断后，支点亦能保证所换垂线位置不变。活动夹线装置是多点支承一点观

测时的支点，观测时从上到下依次夹线。当采用一点支承多点观测形式时，取消活动夹线装置，而在不同高程取观测台。

③不锈钢丝。为直径 1 mm 的高强度不锈钢丝。观测仪器为接触式仪器时，需配的重锤较重，钢丝直径一般为 2 mm 左右。

④重锤。为金属或混凝土块，其上设有阻尼叶片，重量一般不超过垂线极限拉应力的 30%，但对接触式垂线仪，重锤需达 200～500 kg。

⑤油箱。为高 50 cm、直径大于重锤直径 20 cm 的圆柱桶。内装变压器油，使之起阻尼作用，促使重锤很快静止。

⑥观测台。构造与倒垂线观测台相似，也可从墙壁上埋设型钢安装仪器底座，特别是一点支承多点观测，是在观测井壁的测点位置埋设型钢安置底座。

(3)观测仪器设备。

用于垂线法观测的仪器有很多种，分为光学垂线仪、机械垂线仪与遥测垂线仪三类。不同仪器的操作方法，读数系统也略有差异，可参见仪器的使用说明进行。每次观测前，对光学垂线仪还应在专用检查墩上进行零点检查。

2)混凝土坝及浆砌石坝挠度观测

(1)倒垂线法观测。

观测前，首先应检查钢丝的张紧程度，使钢丝的拉力每次基本一致。达到这一要求的做法，是在钢丝长度不变的情况下，观测油箱的油位指示，使油位每次保持一致，浮力即一致，钢丝的拉力也就一致了。其次要检查浮筒是否能在油箱中自由移动，做到静止时浮筒不能接触油箱。浮筒重心不能偏移，人为拨动浮筒后应恢复到原来位置。另外，还要检查防风措施，避免气流对浮筒和钢丝的影响。检查完毕后，应待钢丝稳定一段时间才进行观测。

观测时，将仪器(如光学垂线仪、机械垂线仪或遥测垂线仪)安放在底座上，置中调平，照准测线，分别读取 x 轴与 y 轴(左右岸与上下游)方向读数各两次，取平均值作为测回值。每测点测两个测回，两测回间需要重新安置仪器。读数限差与测回限差分别为 0.1 mm与 0.15 mm。观测中照明灯光的位置应固定，不得随意移动。

(2)正垂线法观测。

正垂线观测使用的仪器和观测方法与倒垂线相同。观测步骤首先是挂上重锤，安装好仪器，待钢丝稳定后才进行观测。观测顺序是自上而下逐点观测为第一测回，再自下而上观测为第二测回。每测回测点要照准两次、读数两次。两次读数差小于 0.1 mm，测回差小于 0.15 mm。

计算坝体各测点的水平位移要根据规定的方向、垂线仪纵横尺上刻划的方向和观测员面向方向三个因素决定。一般规定位移向下游和左岸为正，反之为负；上下游方向为纵轴 y，左右岸方向为横轴 x。垂线仪安置的坐标方向应和大坝坐标方向一致。

3.混凝土坝及浆砌石坝垂直位移监测

混凝土坝及浆砌石坝垂直位移观测大多采用水准法测量，测量原理、使用仪器、观测方法和位移值计算、误差分析等均与土石坝垂直位移观测相似。

垂直位移的观测也包括水准基点、起测基点和位移标点三级点位。水准基点为垂直位移系统的基准点，应设在大坝下游1～3 km的地基稳定处；起测基点设置在坝体垂直位移标点的纵排两端岸坡上以及廊道出口附近的基岩处；垂直位移标点设在坝面和廊道内，每一坝段布设1～2个测点。对于拱坝，坝顶一般每隔30～50 m设置一个测点，另外在拱冠、1/4拱圈及拱座处也设置测点。垂直位移标点也可与水平位移标点合为一体设置。

4. 混凝土坝及浆砌石坝变形监测资料整理与分析

混凝土坝变形监测资料整理与分析可参照《混凝土坝安全监测资料整编规程》(DLT 5209—2005)的有关要求进行。

在对混凝土坝及浆砌石坝变形观测资料整理和整编的基础上，运用时间过程统计分析法、空间分布统计分析法、相关因素统计分析法、比较分析法、数学模型法等分析方法，绘制混凝土坝及浆砌石坝测值过程线、分布图和相关图等，以分析、诊断混凝土坝及浆砌石坝变形是否正常，有无裂缝等病害。

混凝土坝及浆砌石坝水平位移有关曲线图包括：

(1)水平位移过程线。

(2)水平位移分布图。

(3)挠度曲线。

混凝土坝及浆砌石坝垂直位移有关曲线图包括：

(1)垂直位移过程线。

(2)垂直位移分布图。

(3)垂直位移与温度或库水位相关图。

四、教学方法与手段

该项目采用任务驱动，项目导向，“教、学、练、做”一体化的教学方法。教学手段是校企合作、工学结合、项目教学，由校内教师与水库管理技术人员共同指导训练、评价训练成果。

五、参考实例

鲁布革水电站堆石坝观测项目及仪器设备

鲁布革水电站位于云南省和贵州省的分界河流黄泥河上，大坝是一座窄心墙堆石坝，最大坝高103.8 m，坝顶长200 m；心墙上下游边坡均为1:0.175，底宽40 m，材料为软岩风化料，坝壳材料为电站开挖的白云岩和灰岩。水库总库容1.11亿m^3，其中死库容0.37亿m^3，有效库容0.74亿m^3，电站装机60万kW。大坝的设计采用了一些新技术，如心墙为软岩风化料等。为保证大坝安全，便于监测施工质量并验证设计，大坝上布置了先进而又全面的观测仪器。大坝于1998年11月开始蓄水发电。

大坝的观测系统设计原则主要是：①观测项目和测点数量按一级工程设计；②考虑工程的特点及结果的反馈分析和验证设计；③考虑观测工作和检修的方便。

大坝观测的项目和仪器设备如下。

1. 标点共 32 个

目的是监测坝面的水平位移和沉降。

2. 斜孔 2 个

目的是监测坝体不同层次的水平位移，位置在坝轴线上桩号为 0+36.73 和 0+100 处。

3. 沉降观测孔 2 个

目的是监测坝体的分层沉降情况，位置同测斜孔。

4. 垂直水平位移观测共 2 条线，9 个测点

目的是监测心墙与下游堆石体的相对位移和位移，用以判断心墙是否发生纵向裂缝。在桩号 0+100，高程 1 076.04 m 处设 5 个测点，高程 1 116.88 m 处设 4 个测点。

5. TS 型位移计（电位器式）共 22 个测点

在桩号 0+106.69，高程 1 075.46 m 处和桩号 0+102，高程 1 117.18 m 处各设 2 支位移计，观测心墙与上游堆石体的相对位置，以判断心墙上游部位的纵向缝的产生，其余 18 支位移计则设在两岸，用以观测心墙与混凝土垫层岸坡的剪切位移和拉伸位移。

6. 孔隙水压力仪器共 31 个

目的是观测心墙的固结过程、渗流状态、帷幕效果以及心墙与两岸接触渗漏情况。其中心墙上 10 个，帷幕前基岩内 2 个，混凝土垫层与坝体的接触面上 8 个，坝基垫层上的反滤层内 1 个，心墙与两岸混凝土垫层接触面上各 5 个。

7. 绕坝渗流观测孔共 9 个

其中左岸 4 个孔，右岸 5 个孔。目的是了解绕坝渗流情况。

8. 量水堰共 3 个

目的是了解渗漏量大小。坝体、左右两岸绕坝渗流处各设 1 个。

9. 接触式（界面式）土压力计 10 个

目的是了解坝基混凝土垫层上的土压力分布和心墙与两岸的接触情况。其中，6 个在混凝土（坝基）垫层与心墙底接触面上，其余 4 个在心墙与左岸混凝土垫层接触面上。

10. 土压力计（界质土压力计）共 32 个

目的是了解心墙和反滤层中的应力变化。位置是心墙内 16 个，上游反滤层中 7 个，下游反滤层中 9 个。

11. 地震仪 2 台

设在桩号 0+100 的坝顶和高程 1 075 m 的下游坝坡上。

鲁布革大坝观测的仪器既有国产的，也有国外生产的。大坝内部观测仪器埋设成功率达 87%，处于国际先进水平。经过施工期和运行期的观测，达到了监测的目的。

六、项目报告、考核评价

项目报告和考核评价要求见项目二。

思考题

1. 利用全站仪观测土石坝水平位移的原理是什么？其观测步骤及方法怎样？

2. 引张线法观测混凝土坝及浆砌石坝水平位移的原理是什么？其观测步骤及方法怎样？

3. 正垂线法、倒垂线法观测混凝土坝及浆砌石坝挠度的原理是什么？如何进行观测？

4. 土石坝、混凝土坝变形观测资料整理与分析的方法及内容有哪些？

5. 通过本项目训练，你有哪些收获？

项目四　土石坝、混凝土坝的渗流监测训练

一、训练目的

教师组织学生到典型的实际水库大坝或水利工程仿真实训中心,如长江三峡大坝、葛洲坝、黄河小浪底大坝、日照水库大坝、龙河口水库大坝等,进行大坝的渗流监测,从而掌握土石坝、混凝土坝渗流监测的技能。

二、能力目标

(1)能运用土石坝、混凝土坝渗流监测的方法与原理布设监测标点。

(2)会观测土石坝的坝体、坝基、绕坝渗流。

(3)会观测混凝土坝及浆砌石坝的坝体、坝基渗流。

(4)会整理与分析土石坝、混凝土坝渗流监测资料。

三、训练内容

(一)土石坝渗流监测

1. 土石坝坝体渗流监测

1)土石坝坝体渗流监测的方法、原理及设施仪器

A. 监测方法与原理。

监测土石坝坝体渗流的方法常用测压管法。测压管法监测土石坝坝体渗流的原理,是在坝体选择有代表性的横断面,埋设适当数量的测压管,通过测量测压管中的水位来获得坝体浸润线位置的一种方法。

土石坝坝体渗流自动化观测系统是将坝体测压管监测点的数据,通过 GSM 智能遥测终端,将数据送至移动通信服务中心,服务中心将数据转送至水库管理中心接收模块,接收到的数据经软硬件设备分析处理后,可对各监测点实现远程数据定时测报、各种报表资料生成打印、系统数据分析、现场及中心数据双重保存备份、历史数据的查询、远程设备的实时监控及中心指令控制等各项功能,从而实现对大坝测压管水位自动化观测。

B. 测压管结构。

测压管常用的有金属管、塑料管和无砂混凝土管。测压管由进水管、导管和管口保护设备三部分组成,如图 4-1 所示。

(1)进水管。常用的进水管直径为 38 ~ 50 mm,下端封口,进水管壁钻有足够数量的进水孔。对埋设于黏性土中的进水管,开孔率为 15% 左右;对砂性土,开孔率为 20% 左右。孔径一般为 6 mm 左右,沿管周分 4 ~ 6 排,呈梅花形排列。管内壁缘毛刺要打光。

进水管要求能进水且滤土。为防止土粒进入管内,需在管外周包裹两层钢丝布、玻璃

丝布或尼龙丝布等不易腐烂变质的过滤层，外面再包扎棕皮等作为第二过滤层，最外边包两层麻布，然后用尼龙绳或铅丝缠绕扎紧。进水管的长度，对于一般土料与粉细砂，应自设计最高浸润线以上0.5 m至最低浸润线以下1 m；对于粗粒土，则不短于3 m。

(2)导管。导管与进水管连接并伸出坝面，连接处应不漏水，其材料和直径与进水管相同，但管壁不钻孔。

(3)管口保护设备。伸出坝面的导管应装设专门的设备加以保护，以保护测压管不受人为的破坏，防止雨水、地表水流入测压管内或沿测压管外壁渗入坝体，避免石块和杂物落入管中，堵塞测压管。

C. 观测仪器设备。

土石坝坝体渗流自动化观测系统由坝体渗压监测站、监测管理中心两部分组成。其中，坝体渗压监测站由遥测水位器等组成；监测管理中心包括工控计算机、管理计算机、相关软件等。

下面重点介绍电测水位器和智能一体化水位遥测仪。

a. 电测水位器

电测水位器是利用水导电来接通电路的原理构成的。一般由测头、指示器和吊尺(测尺)组成。测头为铜管或铁管，中间安装电极。指示器采用微安表或灯泡或蜂鸣器等，其作用是指示电路的通断情况。指示器与测头电极用导线连接。对于只有一个电极的测头，需用一根导线将指示器与金属测压管连接；双电极则用两根导线接成回路。测头挂接在吊尺上，吊尺可用钢尺。也可不用吊尺，将导线改用带有刻度的水工专用电缆。测头、指示器和导线可安装在木制的测量箱内，如图4-2所示。

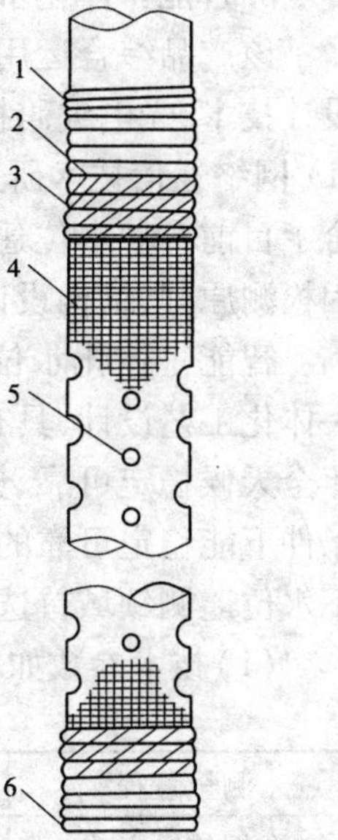

1—缠绕铁丝；2—两层麻布；
3—第二过滤层；4—第一过滤层；
5—进水孔；6—封闭管底

图4-1 测压管进水管结构示意图

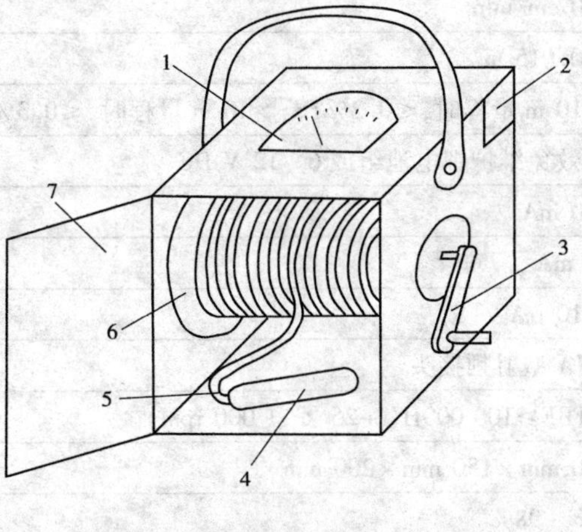

1—指示器；2—电池盒；3—手摇柄；4—测头；5—电线；6—滚筒；7—木门

图4-2 电测水位箱

b. 智能一体化水位遥测仪(HSST－SY)

该产品综合运用先进的电子测控技术、超低功耗电路设计技术、光电编码技术、机械传动技术、GSM(GPRS)/CDMA 网络通信技术研发而成。设备在整体设计上有效地结合了目前各种水位遥测设备的优点,同时解决了原有设备因检测原理、结构设计等问题造成的各种不适应性。

智能一体化水位遥测仪(HSST－SY)采用美观实用的一体化工艺设计,具有良好的防潮性能,整体设备可达到常年全天候稳定可靠、免维护运行,在暴雨、洪水、低温等恶劣条件下能稳定可靠的工作,是水文、水利水位观测尤其是地下水位遥测领域首选的理想设备。如图 4-3 所示。

图 4-3　智能一体化水位遥测仪(HSST－SY)

(1)技术参数如表 4-1 所示。

表 4-1　智能一体化水位遥测仪(HSST－SY)技术参数

测量量程	1 000 mm、2 000 mm、3 000 mm 等
数据传输方式	GSM 短信、GPRS/CDMA 网络
处理器	低 EMI Rabbit 3000(运行在 7.4 MHz)
SRAM	512 K
后备电池	带座 3 V 锂电池,256 mA · h,支持 RTC 和 SRAM
实时时钟	有
浮子直径	Φ70 mm
平衡锤直径	Φ20 mm
水位轮周长	17 cm
变径轮比率	1:5
分辨力	1 cm
最大水位变率	100 cm/min
水位轮启动力矩	≤0.015 m
准确度	≤10 m 量程时,≤0.2% FS; >10 m 量程时,≤0.3% FS
供电电源	高效免维护锂电池组或 6～12 V DC
发送/接收平均电流	120 mA
待机电流	30 mA
节电模式	≤10 μA
天线接口	SMA 型射频接头
寿命	MTBF≥100 000H(+25 ℃,1 000 rpm)
外形尺寸	160 mm × 150 mm × 200 mm
湿度	5% ～98%
使用环境温度	－30 ～ +85 ℃(测井水体不结冰)

(2)产品结构。

智能一体化水位遥测仪(HSST－SY)由水位传感检测单元、智能测控传输单元、锂电池供电单元三大单元组成,并将其有机结合,封装于专门设计的全密封防护壳体内。

①水位传感检测单元。

采用浮子式原理和光电编码技术,同时采用低功耗电路设计,是一个具有数据处理和多种数据输出能力的智能化设备。它由光电式绝对编码器、获得专利技术的线轴传动机械部分组成,是集光、机、电精密技术于一体的高科技设备。水位计编码器通过光电转换,将输出轴的角位移转换成相应的数字量,送 CPU 单元处理。当码盘在转动时,可连续输出与码盘旋转位置相对应的一组二进制编码,以此确认绝对位置,经 CPU(微处理器)处理单元将水位高程数据通过数据输出端口(RS232、RS485 通信)传给智能测控传输单元。

主要功能特点:

◆采用非接触式光电编码技术、专利的线轴传动技术,该设备很好地克服了传统浮子式水位计转动阻力大、接触不良、索缆缠绕、线轮打滑、井径要求高等弊端。

◆采用绝对光电编码技术,传感部分可长期工作在无源模式下,测报数据准确可靠。

◆采用浮子式原理,加上独到的断电记忆功能,解决了投入式水位计、超声波水位计、雷达水位计等电子式水位计数据测量不稳定、受环境影响大等使用上的弊端。

◆具有独到的阈值输出功能,当水位达到设定的变化差值时,可为超低功耗智能测控传输单元提供唤醒信号,主动上报数据,为水位遥测报警的实时性提供了硬件基础,本单元可有效保证水位遥测的准确性、实时性和敏感性。

◆具有灵敏度高、功耗低、输出数据稳定、体积小、量程大、旋转阻力小、跟踪测量准确等优点。

②智能测控传输单元。

该部件集数据采集、存储处理、无线通信于一体,以移动 GPRS(GSM)或联通 CDMA 网络为通信平台,具有不受地理限制、稳定、可靠、运营成本低等优点。

主要功能特点:

◆内嵌高速核心 CPU 和高可靠性的 GSM 模块。

◆内嵌 TCP/IP 协议簇,支持 TCP、UDP、PPP 等多种协议。

◆节电运行功能。设备采用超低功耗电路设计,在大部分时间内处于微功耗的节电状态,使设备能在高效锂电池组供电方式下达到 3～5 年免维护运行。

◆灵活多样的传感器扩展接入方式,设备可同时接入浮子式水位计(或压力式、超声波水位计等)以及水质分析设备等。

◆自检自测功能。可对供电设备(电池组等)的供电情况进行检测及告警;根据采集数据量的不同,设备可自动动态分配自记内存空间值。

◆灵活的参数设定功能。设备提供上位机通过网络、手机短信、本地编程器等多种参数设定功能;自测自报时间间隔可灵活设定。

◆可靠的数据传输功能。设备同时提供 GPRS/CDMA 网络连接、GSM 短信发送和电话拨打功能,使用短信发送模式的同时,设备支持上位机通过电话拨打方式查询数据(设备需工作在非节电模式)。

◆灵活的数据测报方式。设备提供定时测报、变化量超值测报和应答式测报三种测报方式。

◆数据动态采集传输功能与水位遥测传感设备联动，当数据变化值达到自记阈值（设定值）时，设备将自动采集数据并将数据传输至监控中心，提高了数据遥测的动态实时性。

◆数据存储和补报功能。具有断电记忆功能，根据设定设备提供数据存储和滞留数据（当网络连接不好时的未发送数据）的自动补报功能，保证了数据的连续性和准确性。

◆采用模块化设计，功能模块可以互换，输出接口齐全，具有数据存储、掉电保护、抗干扰、防雷电、统一校时等功能。

设备参数动态配置功能。设备每天会维持在固定时段（该时间可配置）或数据上传后保持一定时间段工作在测控状态，等待中心站下载配置命令。配置命令分为自动配置命令和手动配置命令两种。

③锂电池供电单元。

设备供电单元采用高效能的锂电池组。锂电池是一种最优质的电源，具有较高的能量比密度、储存寿命长、自放电低、使用温度范围宽等优点。

主要功能特点：

◆能量密度高，比能量可高达 730 Wh/L。

◆工作电压高，高开路电压为 3.67 V，工作电压为 3.6 V。

◆工作温度范围宽（-55 ~ +85 ℃）。

◆储存时间长，储存期间自放电低（室温下小于 1%），在室温下储存 10 年能量损失不足 10%。失误概率（记忆支领域）小于万分之一。

◆电池为全密封结构，用以保证长寿命以及持久的安全性。

◆使用寿命长，高度环保。

2）土石坝坝体渗流观测

观测时，将测头放入测压管水面中，指示器得到反响后，将测尺靠在测压管口边缘读数，此读数即管口至管内水面高度 L，然后计算测压管内水位高程。

测压管水位高程 Z = 管口高程 Z_g - 管口至水面距离 L - 测头入水引起水面升高值

测头入水引起水面升高值可事先由试验求得。电测法测测压管水位需测读两次，两次读数差对于大型水库不大于 1 cm，对于中型水库不大于 2 cm。

3）土石坝坝体渗流观测记录与计算

土石坝坝体渗流观测记录与计算如表 4-2 所示。

2. 土石坝坝基及绕坝渗流监测

土石坝坝基及绕坝渗流观测的方法与坝体渗流观测相同。

3. 土石坝渗流监测资料整理与分析

土石坝渗流监测资料整理与分析可参照《土石坝安全监测资料整编规程》（SL 169—96 或 DLT 5256—2010）的有关要求进行。

在对土石坝渗流观测资料整理和整编的基础上，运用时间过程统计分析法、空间分布统计分析法、相关因素统计分析法、比较分析法、数学模型法等分析方法，绘制土石坝渗流有关曲线图，以分析、诊断土石坝渗流是否正常，有无裂缝、渗漏等病害。

表 4-2　土石坝坝体渗流观测记录与计算　（单位：m）

库水位：×××m　　年　月　日

断面	管号	管口高程	管口至水面实测值	管内水位	断面	管号	管口高程	管口至水面实测值	管内水位
						4			
						1			
主坝 0+×××	1					2			
	2				主坝 0+×××	3			
主坝 0+×××	1					4			
	2				主坝 0+×××	1			
	3					2			
	4					3			
主坝 0+×××	1				主坝 0+×××	1			
	2					2			
	3				尾水位				
主坝 0+×××	1								
	2								
	3								

观测人：　　校核人：

(1)绘制测压管水位过程线。

(2)实测浸润线与设计浸润线对比分析。

(3)特定水位下管水位的对比分析。

(4)由测压管水位推算渗透系数。

(5)测压管水位与库水位相关分析。

(6)绘制渗水压力等值线图。

土石坝渗流观测资料的整理与分析可开发利用相关软件，软件的操作见本项目参考实例二有关内容。

（二）混凝土坝及浆砌石坝渗流监测

这里主要介绍混凝土坝及浆砌石坝坝基扬压力的监测。

1. 混凝土坝及浆砌石坝坝基扬压力观测的方法、原理及设施仪器

1）观测方法与原理

观测混凝土坝及浆砌石坝坝基扬压力的方法常用测压管法。

测压管法观测混凝土坝及浆砌石坝坝基扬压力的原理，是在坝基选择有代表性的横

断面,埋设适当数量的扬压力测压管,通过测量测压管中的水位来获得坝基扬压力的一种方法。

2)观测设施结构

扬压力测压管分为无压测压管和有压测压管两种,其构造通常由进水管、导管和装有保护装置的管口组成。通常使用ϕ50 mm 的金属管或塑料管。

基础扬压力是指建筑物底面上某一点的水压力,该点水压力对应一个扬压水位。因此,测压管的进水管较短,只要不少于 20 cm 即可。进水管的管壁上钻有ϕ5～ϕ6 mm 的小孔。由于进水管较短,进水孔需适当加密。进水管的外包反滤层要求较低,一般只包一层反滤层即可。进水管下部应留不短于 5 cm 的沉砂管段,管壁不钻孔,底部封死。

扬压力测压管的管口,应设在不被淹没且便于观测的部位,还应加装管口保护设备。若测压管内最高水位低于管口,管口保护设备与土石坝测压管相同;若测压管最低水位高于管口,管口须加螺丝管帽。

3)观测仪器设备

当测压管中扬压水位低于管口(无压)时,水位观测常采用水位器,如电测水位器、遥测水位器等。

当测压管中扬压水位高于管口(有压)时,水位观测常采用压力表、压差计(如水银压差计)、渗压计(如钢弦式渗压计、差动电阻式渗压计)等。压力表、水银压差计、钢弦式渗压计分别如图 4-4～图 4-6 所示。

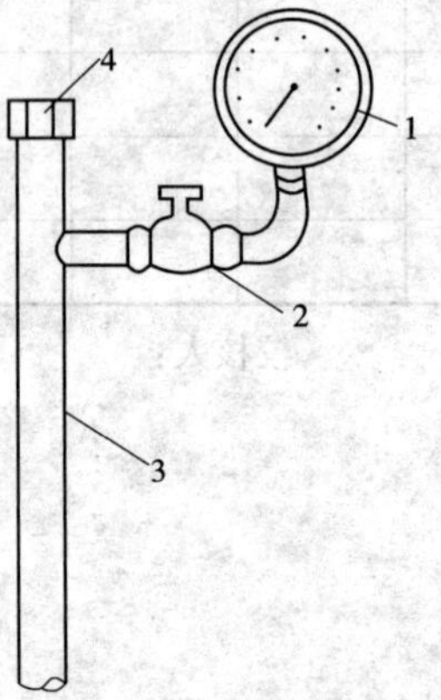

1—压力表;2—阀门;3—测压管;4—管帽

图 4-4　压力表示意图

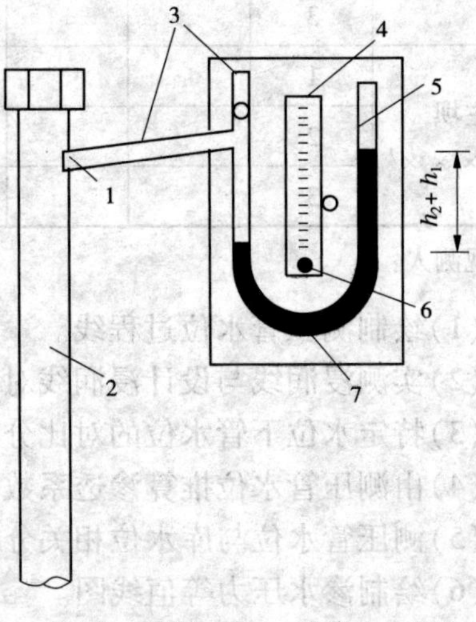

1—焊接;2—测压管;3—胶管;4—木板;
5—压差计;6—标尺;7—水银

图 4-5　水银压差计示意图

2. 混凝土坝及浆砌石坝坝基扬压力观测与计算

1)压力表观测测压管水位

观测时应读到最小估读单位,测读两次。两次读数差不得大于压力表最小刻度单位。测压管水位 Z 的计算方法为

$$Z = Z_b + 0.102P$$

式中：Z 为测压管水位高程，m；Z_b 为压力表座中心高程，m；P 为压力表读数，kPa。

2）水银压差计观测测压管水位

观测时，直接从标尺上读出压差计两端水银柱面距零点的距离 h_1 和 h_2（单位为m，读至mm）。应测读两次，两次读数差不得大于1 mm。

$$测压管水位(m) = 标尺零点高程 + 13.6(h_1 + h_2) - h_2$$

3）钢弦式渗压计观测测压管水位

钢弦式渗压计埋设于坝基测点位置，在坝基扬压力作用下，水透过透水石，水压力作用于受压膜上，使受压膜挠曲变形，钢弦的张紧程度发生变化。如果给电磁线圈一个瞬时脉冲电流，电磁铁将瞬时吸动钢弦，之后钢弦便产生自振，其振动的频率与钢弦的张紧程度有关，亦即与作用在受压膜上的水压力大小有关，这种关系可表示为：

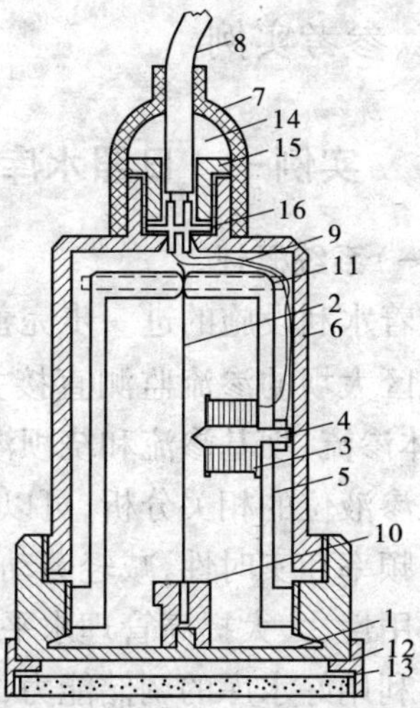

1—不锈钢受压膜；2—钢弦；3—电磁线圈；4—电磁铁；5—支架；6—外壳；7—橡皮密封；8—电缆；9—导线；10—固定销；11—螺栓；12—透水石固定环；13—透水石；14—密封胶；15—压帽；16—连接柱

图4-6　钢弦式渗水压力测头（填方埋入式）

$$P = k(f_i^2 - f_0^2)$$

式中：P 为渗水压力，Pa；k 为渗压计灵敏度，Pa/Hz^2，可在仪器埋设前率定求出；f_i 为渗压计观测频率，Hz；f_0 为零压力时渗压计的振荡频率，Hz。

求出渗水压力 P 后，再计算出水柱高度，最后由仪器埋设点高程算出渗水压力高程。

3. 混凝土坝及浆砌石坝坝基扬压力监测资料整理与分析

混凝土坝坝基扬压力监测资料整理与分析可参照《混凝土坝安全监测资料整编规程》（DLT 5209—2005）的有关要求进行。

在对混凝土坝及浆砌石坝坝基扬压力观测资料整理和整编的基础上，运用时间过程统计分析法、空间分布统计分析法、相关因素统计分析法、比较分析法、数学模型法等分析方法，绘制混凝土坝及浆砌石坝坝基扬压力有关曲线图，以分析、诊断混凝土坝及浆砌石坝坝基扬压力是否正常，有无坝基渗漏等病害。

混凝土坝及浆砌石坝坝基扬压力有关曲线图包括：

（1）扬压力过程线。

（2）扬压力分布图。

（3）扬压力相关图。

混凝土坝及浆砌石坝坝基扬压力观测资料的整理与分析可开发利用相关软件进行。

四、教学方法与手段

该项目采用任务驱动，项目导向，"教、学、练、做"一体化的教学方法。教学手段是校企合作、工学结合、项目教学，由校内教师与水库管理技术人员共同指导训练、评价训练成果。

五、参考实例

实例一　日照水库大坝坝体、坝基测压管水位远程监测系统

（一）系统概述

随着水利设施的进一步完善，加强水利设施的运行管理显得愈来愈重要，尤其是对水库枢纽区大坝的渗流监测直接关系到大坝的安全运行。大坝安全监测系统通过对库水位、坝体渗流、坝基渗流和绕坝渗流的实时数据监测、存储、图表处理以及库水位与枢纽区各部位渗液位的相关分析，可以提高大坝观测的工作效率，缩短数据采集周期，增加数据采集的频率和实时性，减轻劳动强度，同时可以提高水库基本数据监测的完整性、统一性和可利用性，大大提高管理水平及时发现大坝隐患，为水库安全运行提供有力保障，充分发挥和利用好水库的调储能力，使其在防洪和供水等多方面发挥最大的效益。

（二）系统监测内容

项目名称：日照水库坝体、坝基测压管水位远程监测系统。

项目内容：

(1)完成应用系统软件开发设计，通过管理中心硬件设备实现系统集成。

(2)建设34个测压管水位监测点，搭建数据传输通道。

（三）系统设计原则

该自动化系统遵循"集中管理，分散控制"的原则。在自动化监控系统中，充分利用计算机为基础的全分布开放式监测、控制及通信系统，充分利用计算机的智能、计算、存储的功能。系统软件能满足数据的采集、存储、数据的图像生成、曲线生成、理论与实际浸润线进行比较等，可为决策者提供详细的决策依据。系统设计遵循以下原则。

1. 规范性

系统建设中依据统一的规范和标准，包括数据类型与存储格式，输入输出格式，用户界面设计等，标准参照有关国际、国家和行业的标准与规范，符合水文遥测系统工程的建设要求；对尚未制定国家标准和行业标准的业务部分，可根据规定的规则进行适当扩充，但需加以说明。

2. 先进性

系统具有远瞻性，针对系统的具体需要，综合利用遥测技术、网络技术、数据库技术及其他先进的软件技术与开发工具，来设计和开发系统。系统的整体达到或超过规定设计水平的要求。

3. 可靠性

在建设过程中，采用各种软件质量控制技术，建立质量评估体系，保证系统运行稳定，数据传输安全可靠，数据处理准确无误。

4. 实用性

系统整体结构清晰，系统界面简明直观，各类安装手册、用户手册等文档详尽明了，系统操作符合工作习惯，易于系统维护，充分满足工作需要。

5. 开放性

软件系统统一采用 Windows 操作平台，系统可移植性增强。同时，为了对系统进行修改、补充和不断完善，采用开放式的结构设计，使系统在具有可扩充性的软硬件环境下，能在运行过程中不断地添加新的操作功能和加入新的信息，为系统的进一步开发预留接口。

6. 可扩展性

系统在其生命周期内能与其主流技术相兼容。

7. 安全性

系统设置不同等级的安全防护措施，对于不同部门的数据管理，设置不同的权限，以避免对数据的非法操作。

8. 可维护性

系统各部件具有自检和联机诊断校验的能力，提供完善的遥测维护手段，能准确快速地进行故障遥测和维护。

（四）设计依据

《外壳防护等级（IP 代码）》（GB 4208—93）。

《振动试验标准》（IEC255 -21 -1）。

《冲击和碰撞试验标准》（IEC255 -21 -2）。

《高频干扰试验标准》（IEC255 -22 -1）。

《静电放电干扰试验标准》（IEC255 -22 -2）。

《辐射电磁场干扰试验标准》（IEC255 -22 -3）。

《快速瞬变干扰试验标准》（IEC255 -22 -4）。

《电子设备雷击保护导则》（GB 7450—87）。

《计算机软件开发规范》（GB 8566—88）。

《电气装置安装工程施工及验收规范》（GBJ 232—92）。

《用户终端设备耐过电压和过电流能力要求和试验方法》（YD/T 870—906）。

《信息技术设备包括电气设备的安全》（GB 4943—95）。

《水文自动测报系统规范》（SL 61—2003）。

《水情自动测报系统设计规定》（DL/T 5051—1996）。

《水文站网规划技术导则》（SL 34—92）。

《水文自动测报系统设备基本技术条件》（SL/T 102—1995）。

《水文自动测报系统设备》（SL/T 180—1996）。

《水文自动测报系统通信电路设计规定》（SL 199—97）。

《地下水监测站建设技术规范》（SL 360—2006）。

（五）系统设计思想

日照水库坝体、坝基测压管水位远程监测系统建设的技术路线是先建立稳定可靠的监测管理中心；同时采用高精度、高可靠性的液位计，结合稳定可靠的通信控制设备实现测压管水位信息的自动采集、传输系统的建设；以应用软件和综合数据库为支撑环境，为领导决策和大坝安全源管理提供科学依据。

根据日照水库大坝渗压监测系统的长远规划及渗压管监测点的分布实际。针对日照市水库管理局管理中心，各监测点的数据直接传输至此处进行处理，考虑到传输的稳定性和数据的保密安全，管理中心配置专用 GSM 接收前置模块，用于接收各测点上传的数据及中心指令的下发，实现大坝渗压管监测点和中心服务器之间的安全通道。

大坝渗压管监测点的数据，通过 GSM 智能遥测终端，将数据送至移动通信服务中心，服务中心将数据转送至水库管理中心接收模块，接收到的数据经软硬件设备分析处理后，从而实现对大坝水位的各类监测功能。

该系统设计能完全满足日照水库大坝远程监测系统的要求。该系统组网、扩展方便，可实现安全存储、信息监测、信息交互、资源共享等多重功能，对各监测点实现远程数据定时测报、各种报表资料生成打印、现场及中心数据双重保存备份、历史数据的查询、远程设备的实时监控及中心指令控制等各项功能。管理中心可与现有办公内部局域网连接，实现数据共享；实时查询最新的水位动态，以满足有关领导、部门对大坝渗压水位状况的随时查询分析。本系统的扩容，将大大减少人力、物力的投资，减少不必要的工作环节，提高大坝渗压水位监测的管理水平，为日照水库大坝监测管理工作提供科学可靠的分析数据，使日照市水库管理工作信息化程度上一个新的台阶。

（六）系统组成结构

系统组成结构如图 4-7 所示。

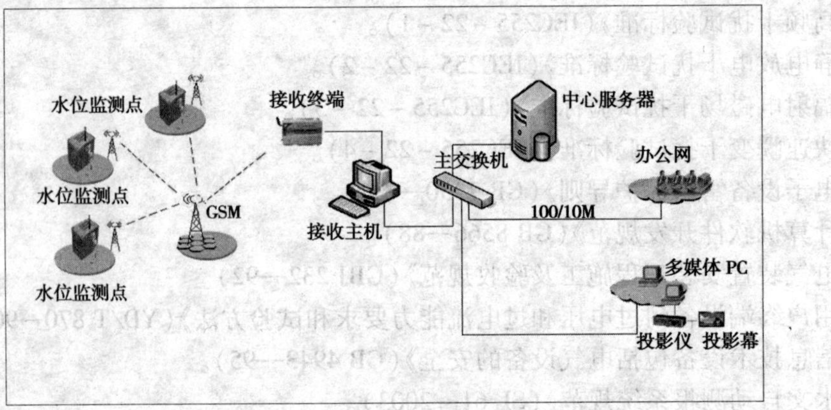

图 4-7　系统组成结构

该系统结构由监测管理中心、大坝渗压监测站两部分组成，其中管理中心包括工控计算机、管理计算机、相关软件等；大坝渗压监测站系统作为本项目的重点，由 HSST 智能一体化水位遥测仪等部分组成。

（七）大坝渗压水位监测站设计

传统的大坝渗压水位遥测站通常由水位计、采集模块、传输模块、蓄电池、太阳能等独立部件组成，同时在设备安装时还要考虑到设备的防潮、防盗等措施，稍有疏忽就会造成设备的损坏、水位数据丢失等不良现象；针对本次项目特别推荐获得国家专利的智能一体化水位遥测仪，该设备已在威海、烟台、济宁、潍坊、临沂等水利部门得到广泛的应用，实用可靠，稳定性极好，同时它也克服了传统的太阳能供电方式，采用锂电池进行供电，克服了传统方式的种种弊端。在各类水资源会议、产品鉴定会上得到了相关部、省、市水利专家的一致好评和认可。

根据上述原则，本系统大坝渗压水位监测点设计选用济南和一汇盛科技发展有限责任公司所生产的 HSST－SY 型智能一体化水位遥测仪。

设备安装及防护如下。

1. 野外保护装置

为满足水位监测设备在野外的保护要求，系统设计特别采用了专利保护装置，该保护装置设计新颖、坚固可靠、防盗防损；自动监测设备安装后，一方面可以数据自动传输，同时预留人工测量通道。该保护装置在同类的工程项目中得到了广泛的应用，应用几年以来，目前尚未出现被盗、被损现象。

2. 智能一体化水位遥测仪安装、调试规程

(1)固定保护筒——按“安装井口处理规范”操作。

(2)将一体化智能水位遥测仪安装在保护桶内，依据下面步骤进行操作，计算水位及调整编码器：

◆量出编码器轴到水面的距离，记作埋深——h。

◆从水利局取得该井的黄海高程并换算出编码器轴处的黄海高程——H。

◆求得水面的黄海高程即水位——$SW = H - h$。

◆通过公式 $SW - X =$ 基数，求得基数，为便于计量，基数一般取整数。

◆接好手操器的线，进行对编码器的参数设置——地址、方向、上传时间等具体参照手操器设置说明。

◆设置好一体化智能水位遥测仪参数并做好详细记录；给一体化智能水位遥测仪送电并联系中心站进行采数，直到通信正常。

◆采集成功后合盖上锁。

(八)系统传输方式

1. 传输方式分类

当今计算机远程通信，从传输方式上可分为有线通信和无线通信两种方式。

有线通信分为两种方式：第一，光缆远程通信，此方式可租用现有运营商的光纤或自行铺设光纤，而此方式在当前没有形成广泛的光缆线网的情况下，光缆远程通信耗资巨大，实现困难。第二，有线电话网络，通过信号的调制解调实现。此方式在实际应用中存在偏远计量点无电话线以及电话线因架设等原因导致通信质量不高等问题。

无线数据远程通信从实现方式上大致分为三种：第一，借助移动公网，通过 GSM (GPRS、CDMA)通信模块与数传设备相连，实现远距离数据传输。此方式是伴随着我国移动公共网的发展建设而发展起来的，经历了从 GSM 到 GPRS/CDMA 的发展过程，在 GPRS/CDMA 网建立运营以前，利用 GSM 网的短信功能进行数据传输已在某些行业得到应用，该方式数据通信是借助“短信”发送的方式(类似于手机的短信发送)实现的，因其固有的技术特点使得此方式不适应于对数据的“实时性”要求较高、数据传输频率较频繁的领域。伴随着移动 GPRS/CDMA 网的建设，基于 GPRS 无线实时在线网和 CDMA 1X 接入互联网的数据传输系统逐渐发展起来，它兼有有线专网和无线专网的技术优点，依其高速的在线数据传输能力，实现了“实时在线”传输，同时也解决了无线专网方式的网络覆盖面受限等缺点，成了行业内开发应用的热点。此种方式通信可靠，覆盖范围广泛，但存

在一定通信费用(现阶段按信息量或短信条数进行收费)。第二,专用无线通信网,该方式组态方便,只需在前端(监测点)设置一无线收发终端,面向所有采集点,在管理中心设置一中心站即能实现。该方式工作在指定频点,专网专用、稳定可靠。由于国家规定,此种方式需向有关部门申请专用频点。此种方式存在覆盖范围小,易受外界干扰、偏远地区需信号中继等弊端。第三,租用卫星信道,此种方式信号覆盖范围广、信道稳定可靠,但存在租用信道费用高,卫星寿命(一般10~15年)短的弊端。

通信方式分类如图4-8所示。

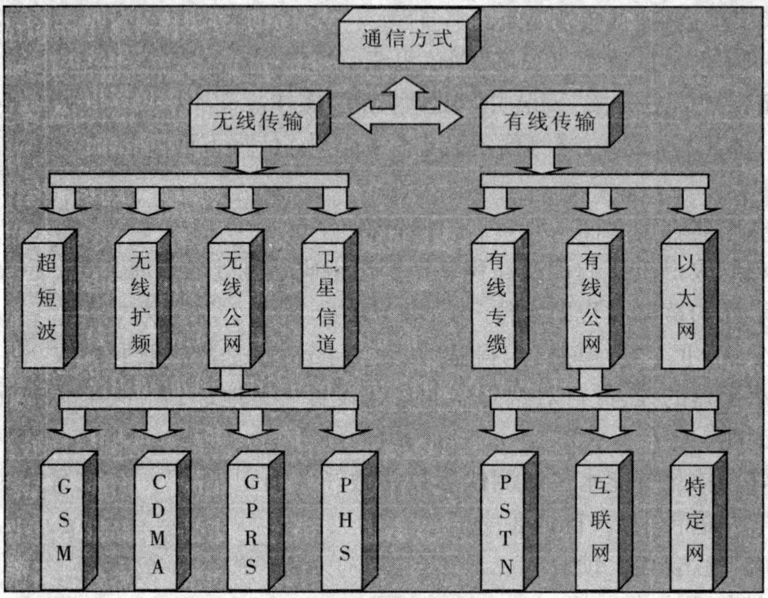

图4-8 通信方式分类

2. 本次采用的传输方式

本次远程自动监测系统中,根据现场情况可以采用两种传输方式。

(1)有线传输方式。利用现场通信电缆,采用RS485总线传输。电缆最大长度取决于传输速率,根据RS485总线的协议理论上可以达到1 200 m,但是距离越远,传输速率越低,最好增加中继器放大。

(2)无线传输方式。本次坝体、坝基渗流测压管水位远程监测系统数据要求不必"实时在线",可以采用GSM短信方式传输,系统运行费用低(每条数据0.1元)。

(九)防雷设计

防范智能遥测终端不受雷击,首先,应保证设备所处的建筑物有完善的避雷设施,以及确保电力供电系统避雷措施完备。其次,由于终端主机工作电压为AC 220 V,终端模块工作电压为DC 8~24 V抵抗过压能力弱,所以必须重点考虑防范感应雷击。目前,感应雷击的防护主要采用感应雷击防护器,或对可能感应到雷击的导线加以屏蔽,一般雷击侵入途径是由电源线或信号线入侵,因此雷击防护就是要在雷电的进入端将其泄放到大地,从而保护设备。同时,还有一种情况感应到雷击,就是避雷装置引下线与仪器设备的电源线或信号线相距太近且平行而通过电磁感应引发雷击,此种雷击的避免则应通过合理布线来解决,即在有关仪器仪表布线时按标准进行合理的综合布线。

针对日照水库所处的位置是在雷区,终端仪器设备容易受感应雷击。对此应给予全面保护,除注重电源线的防护外,还做好信号线防雷,每个测压管监测点安装避雷针,减少雷击。在电源、通信和传感器接口的入口处均设有防雷保护电路,以防止感应雷电流对内部电路造成损坏,保证系统长期可靠地工作。

(十)系统功能

1. 系统数据库管理

数据管理包括测压管基本资料管理和测压管实测数据管理。

测压管基本资料主要是用户资料、大堤剖面资料、测压管埋设情况(考证表)、地质资料。包括用户资料确定用户的性质和使用权限,堤段名称、桩号、位置、大堤剖面、堤顶高程、宽度等属性,测压管埋设的堤身断面信息、地质情况,以及基本设计参数等资料。测压管基本数据可通过测压管考证表进行查询。

测压管实测数据以一个桩号一个表格的方式存储在数据库中。系统按用户的使用权限可以修改、增加、删除数据,亦可使用 Excel 软件录入或导入、导出数据。

2. 系统数据分析

分析指定桩号的测压管实测数据,提供地质剖面和浸润线图、测压管过程线、圈套线、位势图、逐年相关线、位势过程线、特定水位下的过程线等图表。

坝体、坝基渗流测压管水位远程监测系统的结构组成如图 4-9 所示。

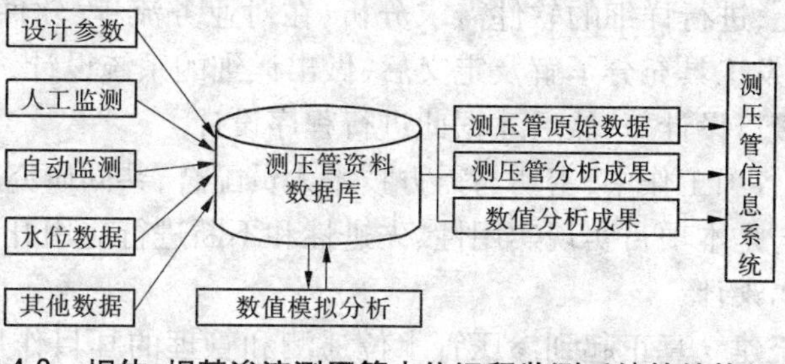

图 4-9　坝体、坝基渗流测压管水位远程监测系统的结构组成

(1)测压管地质剖面和浸润线图。

将测压管埋设的地质剖面、测压管埋设的位置、滤管位置、测压管长度、管口高程等内容以剖面图的形式表现出来。可以查看某一特定时间测压管实测水头剖面线,即浸润线,了解覆盖层承压情况,并给出相应水位下覆盖层的抗渗安全系数。

(2)测压管水位过程线。

绘制测压管水位随时间的变化曲线。利用测压管水位过程线可以鉴别测压管的灵敏性、可靠性,以及确定其滞后时间和某些测次数据的取舍等。

(3)测压管位势图。

位势即测压管水头在渗流场中占总渗流水头的百分数。与上下游水位的绝对值无关,当渗径长度不变时,位势为常数。可以通过位势的变化了解渗流介质的变化情况。

3. 数据查询功能

可以指定具体的测点、日期进行相关的数据查询,并根据查询的结果,在数据表格中体现出来。数据表格是将监测返回的数据以表格的形式反映,并以日期加以限制。当汛期采集功能启用时,可以选择汛期方式进行数据查询。数据图形功能中,将采集水位以图形的方式显示。另外,还可以按照指定的日期查看水位的趋势图,也可以指定具体的某一天,查看对应的时刻趋势图。

(十一)项目施工管理与组织

1. 系统实施的组织与管理

(1)认真研究做好整个系统的初步设计与技术设计工作。

(2)在整个系统的建设期间,严格按相关的技术标准和规范指导设计和施工。

(3)在系统设计建设期间,注意系统的实用性和先进性的关系,使建成的系统既先进又实用。

(4)按ISO9001的要求,对设备的采购进行严格的管理。编制详细的采购资料,从而确保所采购的设备或产品在质量、品质和性能等方面符合本项目的要求。

(5)安排详细的系统设计建设进度计划,根据项目的内容和特点,精心组织,在系统设计建设期间,项目小组技术开发设计人员每周开一次例会,检查系统的建设进度以及遇到的各种问题,并提出解决问题的方法,每周一次项目组长、负责人的例会,协调各方面的进度并解决工作中发生的问题。

(6)科学设计,合理施工,严格按正常的工序进行工作。在硬件设计施工中,先进行详细的论证与设计,并形成可操作的图纸,最后才安排生产。软件方面,在充分研究需方的招标文件的基础上,进行详细的软件需求分析,在对业务流程、软件功能、数据流程、系统开发环境、系统开发工具充分了解及定义后,做出详细的系统设计,包括功能设计、界面设计、数据库设计、接口设计等,然后才据此进行程序设计。

在上述各阶段、各项工作中,密切与需方技术人员配合,共同研究对问题的解决办法,需方人员的直接参与是本项目实现实用性、先进性和不断进行应用开发的重要保证。

2. 系统施工组织设计

为保证遥测系统建立真正起到渗压管水位遥测和管理的耳目作用,拟编制以下施工组织设计计划。

1)概述

大坝渗压管水位远程监测系统的实施,尤其是一体化智能水位遥测仪的安装调试,是一项专业性非常强的工作,监测系统设计是监测系统建立的依据,施工组织设计将是监测系统施工必须遵循的程序、工艺和准则。综观国内外大坝渗压管水位监测系统的建设,凡成功、优秀的工程,基本上具备以下几个要素:

(1)根据实际施工、安装情况,对设计进行变更。

遥测设计是遥测系统建立的依据,设计首先考虑了遥测的目的性,满足现行规范的要求和遥测的实际需要;有针对性;可操作性;具有先进性,且现有的施工设备、施工工艺能够实现设计的目的。但实际施工、安装、调试中,还需根据现场的实际情况进行优化,以满足方便运行的要求。

(2)选派有经验的施工队伍。

有经验的施工队伍是实现设计的保证,富有经验的遥测仪器设备安装、调试技术人员是这一保证的基础，同时，一支好的施工队伍、满足施工要求的机械设备、具有强烈责任心的高素质的工程技术人员也是关键要素。

(3)高素质的管理队伍。

建设单位管理技术人员的素质是非常重要的，甚至是遥测系统正常运行的决定因素。

2)开工前的准备

(1)仪器设备。

①根据设计规定和实施合同的约定，生产、购置遥测仪器、设备、配套材料。

②对所生产购置的仪器、设备、材料进行外观检查和基本性能的初步检验。

③模拟现场系统工作情况，对系统主要仪器设备进行室内联机调试，并考机。

④将所有设备按设计进行编号标记。

⑤仪器、设备、材料合适包装、标识后待运。

(2)设备运输。设备的包装运输必须安全、可靠。

(3)技术资料及工器具。在进场前，安装技术人员应做好如下准备工作：

①渗压管水位遥测有关的规程规范。

②各种仪器或设备的检测报告、检验记录。

③各种仪器或设备的安装埋设记录表、施工期间遥测记录表。

④单元工程验收表。

⑤施工记录册或表。

⑥遥测仪器设备安装必需的工器具、材料。

(4)现场准备。正式开工之前的准备是否充分，是直接影响施工进度的重要因素。现场准备如下：

①测量人员应到位，检查测量仪器。

②渗压管水位监测点的测量及位置标志。

③大坝渗压管观测井的场地整理。

(5)仪器设备贮存场所、检验准备场所。

(十二)系统建成后的日常管理与维护

日照水库大坝渗压管水位监测系统验收投入正常运行后，应该充分做好系统的维护工作，保证系统的安全、可靠的运行，充分发挥其应有的作用，根据以往的工程建设经验和设备的特性提出如下几点要求，需要在日常运行管理中注意：

(1)水库管理局应该指定专门的部门和人员进行日常操作和维护，应该制定详细的日常查看和使用规程。

(2)中心机房要保持清洁卫生，灰尘容易进入服务器主机和显示器，阻塞电脑的通风冷却口，使电脑温升过高；另外，会降低电路的绝缘度，很容易漏电而造成硬件损坏。

(3)软件的日常操作和注意事项可参见“大坝渗压管水位远程监测系统用户手册”。

(4)如果系统采用无线传输数据，必须保证设备所有手机卡不能欠费，应该有专门人员来负责，确保设备不会因欠费而停报数据。

实例二　日照水库大坝测压管自动化观测系统操作规程

(一)系统概述

日照水库大坝测压管水位自动化观测系统由监测管理中心、大坝渗压监测站两部分组成。管理中心则包括工控计算机、管理计算机、相关软件等,大坝渗压监测站系统作为本项目的重点,由 HSST 一体化水位遥测仪部分组成。

大坝测压管监测点的数据,通过 GSM 智能遥测终端将数据送至移动通信服务中心,服务中心将数据转送至水库管理中心接收模块,接收到的数据经软硬件设备分析处理后,可对各监测点实现远程数据定时测报、各种报表资料生成打印、系统数据分析、现场及中心数据双重保存备份、历史数据的查询、远程设备的实时监控及中心指令控制等各项功能,从而实现对大坝测压管水位自动化观测。

为加强系统设施管理,确保水库大坝测压管自动化观测系统的正常操作应用,特制定本操作规程。

(二)系统操作规则

1. 系统数据上传频率

目前该系统数据观测上传间隔为:每天 8 时上传一次大坝测压管水位数据。同时需要由人工录入库水位、降雨量、渗流量三项数据资料。

水库安全监测制度规定:水库工程必须严格按照规定的测次和时间进行全面、系统和连续的观测,做到定时间、定测次。渗流观测在汛期应每月 6 次,非汛期应每月 3 次;渗流观测在每逢 1、6 号测,非汛期 1 号测。但在高水位、库水位骤变、特大暴雨等特殊情况下,测次必须增加。

2. 运行方式

每天上午 8 时遥测终端的锂电池自动“醒”一次,完成各测压管水位的自动观测及上传。上传后的水位观测数据经接收程序接收、解析、删除后由日照水库大坝测压管水位自动化观测系统处理之后,生成需要的各类图表,以满足大坝测压管水位自动化观测的要求。

水库大坝测压管水位自动化观测系统的水位数据接收程序随开机后自动运行,实现水位数据的及时接收、解析及删除。

3. 观测目的

按照《土石坝安全监测资料整编规程》(SL 169—96)要求,该系统通过自动化观测采集各测压管水位数据、人工输入库水位、降雨量、渗流量数据经系统软件处理后,生成渗流压力水位过程线图、特定库水位下渗流压力水位过程线图、渗流压力平面等势线分布图、渗流压力水位与库水位相关关系图、坝体横剖面渗流压力分布图、渗流量过程线图、特定库水位下渗流量过程线图、渗流量与库水位相关关系图、测压管观测记录、计算表及测压管埋设考证表等重要图表。所有上传数据资料自动保存,图表均可在所选时间段内按标准格式输出打印。每月按时打印输出汛期渗流观测在每逢 1、6 号及非汛期 1 号观测的数据资料。根据《土石坝安全监测资料整编规程》(SL 169—96)的规定,在做好平时资料整理的基础上,每 5 年对观测资料进行全面整理、汇编和分析,附以简要安全分析意见和编印说明后刊印成册，并报市水利局备案。实现观测资料的日结月清年汇总的整编要求。

4. 监测站的运行与维护

监测站的运行与维护主要是做好监测站设备外观检查，主要为：

(1) 保证每一个 HSST－3700 智能终端不浸水。若管内水位上涨溢出管口，则要及时将 HSST－3700 智能终端拆除，以免水淹造成终端的直接损坏。

(2) 定期检查锂电池供电情况及浮子是否存在脱落情况。

(3) 如果出现深层次的问题应及时联系专业队伍来维护，确保设备的正常运转。

(4) 设备及系统的日常操作及维护管理，严格按照制定的用户手册、操作规程、管理制度等规定由专人负责。

(三) 具体操作程序

1. 总体步骤

开机—接收数据—系统登录—实时数据查询—人工输入数据（库水位、渗流量、降雨量）—图表查看及导出。

2. 界面操作菜单

通过水库大坝测压管水位自动化观测系统进行数据查询、输入、存储、分析等操作。该系统为菜单式操作，所有项目均可以通过菜单来操作。共分为文件、视图、图表、报表、分析、维护、渗流量、控制、设置、窗口、帮助共 11 项主菜单。

(1) 文件菜单包括：注销/登录、数据库备份、数据库还原、打印设置、退出 5 项下拉菜单。

(2) 视图菜单包括：监测点属性、实时数据、日照水库枢纽平面布置图、坝体横剖面渗流压力分布图 4 项下拉菜单。

(3) 图表菜单包括：渗流压力水位过程线、渗流压力水位过程线（降雨量）、渗流压力水位与库水位相关关系、特定库水位下渗流压力水位过程线、多测点数据图表 5 项下拉菜单。

(4) 报表菜单包括：水位观测计算表、渗流压力水位统计表、上游（水库）、下游水位统计表、渗流压力水位月报表、渗流压力水位年报表 5 项下拉菜单。

(5) 分析菜单包括：位势分析、坡降分析、一元性回归分析 3 项下拉菜单。

(6) 维护菜单包括：库水位维护、库水位浏览、降雨量维护、降雨量浏览、水位数据编辑、水位数据剔除、还原被剔除数据 7 项下拉菜单。

(7) 渗流量菜单包括：渗流量输入、量水堰渗流观测记录表、渗流量过程线、渗流量过程线（降雨量）、渗流量与库水位相关关系、特定库水位下渗流量过程线 6 项下拉菜单。

(8) 控制菜单包括：手动采集、校对时间、读取参数、设置上传间隔、控制信息查询 5 项下拉菜单。

(9) 设置菜单包括：横断面设置、监测点设置、测压管埋设考证表、用户设置、综合设置 5 项下拉菜单。

(10) 窗口菜单包括：水平平铺、垂直平铺、重叠 3 项下拉菜单。

(11) 帮助菜单包括：内容、关于、日积月累 3 项下拉菜单。

3. 操作说明

1) 系统登录

双击桌面【日照水库大坝测压管水位自动化观测系统】→【输入正确用户名】→【输入密码】→【登录】。

打开系统后首先出现的是登录窗体,用户输入正确的用户名和密码后,系统根据权限显示相应的操作功能。系统默认用户名为 admin,密码为 admin,以该用户名登录系统,为全权限操作。

2) 实时数据查询

点击【视图】→【实时数据】,显示的是所有监测点的最后一次上传数据,包括的信息有:测管编号、测压管类型、最后的上传时间、库水位、测压管水位、尾水位、管口高程、管底高程、管长和站号。下方的图显示的是最近 30 d 的水位过程线。

3) 库水位输入

点击【维护】→【库水位维护】→【输入库水位】→【保存】,可进行库水位的输入、修改、删除等操作。选中【空值删除】才会删除错误数据。

4) 降雨量输入

点击【维护】→【降雨量维护】→【输入降雨量】→【保存】,可进行降雨量的输入、修改、删除等操作。选中【空值删除】才会删除错误数据。

5) 渗流量输入

点击【渗流量】→【渗流量维护】→【输入渗流量】→【保存】,即可进行渗流量的输入、修改、删除等操作。选中【空值删除】才会删除错误数据。输入量杯容量和时间,渗流量会自动计算,总渗流量也会自动计算。

6) 渗流压力水位过程线图表查看及导出

点击【图表】→【渗流压力水位过程线】,可对每个监测点查询出指定时间范围的原始上传记录,以数据和图表两种形式显示,并可将数据或图表导出和打印。

点击【图表】→【渗流压力水位过程线(降雨量)】→【选择要查询的断面】→【确定】,即可显示某个断面某年的渗流压力过程线和降雨量,以数据和图表两种形式显示,并可将数据或图表导出和打印。

7) 水位观测报表查询

点击【报表】→【水位观测计算表】→【选择要查询的日期】→【查询】,即可显示某天所有监测点的渗流压力水位,点击导出,可以标准的样式导出报表。

8) 数据库备份

点击【文件】→【数据库备份】→【选择备份路径】→【在文件名输入 HSST_DB】→【保存】,就会将数据库保存到指定位置。

9) 数据库还原

点击【文件】→【数据库还原】→【根据弹出窗口提示选择选择以前备份的数据库】→【选择路径】→【还原】,就会将数据库还原到以前的备份数据的状态。不能随便使用该操作。

10)查看监测点属性

点击【视图】→【监测点属性】→【左边的树形目录中测压管】→【导出】,在右边会显示此测压管的相关信息,以 Excel 表格显示所有测点的主要信息。可查询各测压管的管口、管底高程,管长及测压管距坝轴线的纵横位置、测站所置 SIM 卡号、水位上传间隔等信息资料。

11)查看日照水库枢纽工程平面布置图

点击【视图】→【日照水库枢纽工程平面布置图】,即可显示日照水库大坝平面布置图,右键单击出现菜单,可全屏/默认大小显示。

12)查看坝体横剖面渗流压力分布图

点击【视图】→【坝体横剖面渗流压力分布图】→【选择要查询的断面】→【选择查询的时间点】→【查询】,即可显示该断面上渗流压力分布图。

13)查询渗流压力水位与库水位相关关系图

点击【视图】→【流压力水位与库水位相关关系】→【选择添加要查询的断面】→【选择开始和结束的年份】→【确定】,即可显示一段时间内某个监测点的渗流压力水位与库水位的相关关系图,以数据和图表两种形式显示,并可将数据或图表导出和打印。

14)查询特定库水位下渗流压力水位过程线

点击【视图】→【特定库水位下渗流压力水位过程线】→【输入特定库水位】→【选择要查询的断面】→【查询开始和结束年份】→【确定】,即可显示一段时间内假定库水位不变,监测点的渗流压力水位过程线图,可设定多个库水位,以数据和图表两种形式显示,并可将数据或图表导出和打印。

15)查询多测点数据图表

点击【视图】→【多测点数据图表】→【选择要查询的断面】→【添加】→【选择查询开始和结束时间】→【确定】,可对多个监测点或多个横断面查询出指定时间范围的原始上传记录,以数据和图表两种形式显示,并可将数据或图表导出和打印。图片打印选项可选择打印在上半页、下半页或整页,横向、纵向以及纸张选择。

16)查询渗流压力水位统计表

点击【报表】→【渗流压力水位统计表】→【要查询的断面】→【选择查询时间】→【查询】,即可显示某年某个横断面上的所有监测点渗流压力水位,以标准的样式导出报表。

17)查询上游(水库)、下游水位统计表

点击【报表】→【上游(水库)、下游水位统计表】→【要查询的断面】→【选择查询时间】→【查询】,显示某年上游水位或下游水位统计表,以标准的样式导出报表。

18)查询渗流压力水位月报表

点击【报表】→【渗流压力水位月报表】→【要查询的断面】→【选择查询时间】→【查询】,可查询出要查询横断面的渗流压力水位月报表,包含月最大值(出现时间),月最小值(出现时间)和月平均值,点击【导出】按钮,将把月报表以 Excel 表格形式导出。

19)查询渗流压力水位年报表

点击【报表】→【渗流压力水位年报表】→【要查询的断面】→【选择查询年份】→【查询】可查询出要查询横断面的数据年报表,包含年最大值(出现时间)、年最小值(出现时间)和年平均值,点击【导出】按钮,将把年报表以 Excel 表格形式导出。

20)查询位势分析

点击【分析】→【位势分析】→【要查询分析的断面】,【选择开始和结束的查询时间】→【分析】,即可在列表中显示位势计算结果和位势分析过程线。点击【导出】按钮,将把位势计算结果和分析过程线以 Excel 表格形式导出。

21)查询坡降分析

点击【分析】→【坡降分析】→【选择同一断面的靠近上游面的测压管,在测管 2 中选择同一断面的靠近下游面的测压管】→【选择开始和结束的查询时间】→【分析】,在列表中将显示位势计算结果和位势分析过程线。点击【导出】按钮,将把坡降计算结果和分析过程线以 Excel 表格形式导出。

22)查询一元线性回归分析

点击【分析】→【一元线性回归分析】→【选择好自变量测点和因变量测点】→【分析的起止时间】,使用自动插值功能,点击【分析】,在列表中将显示计算结果和分析过程线。点击【导出】按钮,将把计算结果和分析过程线以 Excel 表格形式导出。

23)查询库水位浏览

点击【维护】→【库水位浏览】→【选择要查询的时间段】→【查询】,即可看一段时间内的库水位数据,并可导出 Excel 表格。

24)查询降雨量浏览

点击【维护】→【降雨量浏览】→【选择要查询的时间段】→【查询】,即可看一段时间内的降雨量数据,并可导出 Excel 表格。

25)水位数据编辑

点击【维护】→【水位数据编辑】→【要编辑的断面】,时间可通过右键点击列表设置,默认为当前一个月,点击右下方的列表,将会把值显示在右上方的文本框中,可通过添加、删除、修改按钮维护数据。

26)水位数据剔除

点击【维护】→【水位数据剔除】→【选择监测断面】→【选择开始结束时间】→【输入极值上限、下限】→【显示数据】,在右边的列表中就会显示出符合条件的记录,点击按钮【剔除】将会把右边列表数据从原始数据表删除,存到剔除数据表。

27)还原被剔除数据

点击【维护】→【还原被剔除数据】→【选择监测断面】→【选择开始结束时间】→【输入极值上限、下限】→【显示数据】→【还原】,将从剔除数据表中按照选择的条件还原到原始数据表中。

28)查询量水堰渗流观测记录表

点击【渗流量】→【量水堰渗流观测记录表】→【选择时间段】→【查询】,即可显示某个渗流量监测点一段时间内的渗流量,并以标准的样式导出报表。

29)查询渗流量过程线

点击【渗流量】→【渗流量过程线】→【选择时间段】→【确定】,可对每个监测点查询出指定时间范围的渗流量,以数据和图表两种形式显示,并可将数据或图表导出和打印。

30）查询渗流量过程线（降雨量）

点击【渗流量】→【渗流量过程线（降雨量）】→【选择要查询的年份】→【确定】，即可显示某个渗流量监测点某年的渗流量过程线和降雨量，以数据和图表两种形式显示，并可将数据或图表导出和打印。

31）查询渗流量与库水位相关关系

点击【渗流量】→【渗流量与库水位相关关系】→【选择开始结束年份】→【确定】，即可显示一段时间内某个渗流量监测点渗流与库水位的相关关系图，以数据和图表两种形式显示，并可将数据或图表导出和打印。

32）查询特定库水位下渗流量过程线

点击【渗流量】→【特定库水位下渗流量过程线】→【输入特定库水位】→【选择要查询的时间段】→【确定】，即可显示一段时间内假定库水位不变，渗流监测点渗流过程线图，可设定多个库水位，以数据和图表两种形式显示，并可将数据或图表导出和打印。

33）手动采集

点击【控制】→【手动采集】→【选择要采集的断面及监测点】→【加入】→【采集】，命令发送完成，将会返回【控制信息查询】界面，即可实现采集选择的各个监测点即时数据。

34）校对时间

点击【控制】→【校对时间】→【选择要校对的断面及监测点】→【加入】→【采集】，即可对选择的各个监测点校对时间。

35）读取参数

点击【控制】→【读取参数】→【选择要读取的断面及监测点】→【加入】→【采集】，即可读取选择的各个监测点参数。

36）设置上传间隔

点击【控制】→【设置上传间隔】→【选择要采集的断面及监测点】→【加入】→【选择上传间隔时间】→【采集】，即可设置选择的各个监测点的上传间隔，单位为分钟。该操作一般需要到各监测点现场设置，应由专业技术人员进行调试。

37）控制信息查询

点击【控制】→【控制信息查询】→【选择要查询的时间段及测压管】→【开始查询】，即可按时间段或单个测管查询出对各个监测点历史控制记录。

38）横断面设置

点击【设置】→【横断面设置】→【选中要修改、移出的横断面】→【添加或修改或删除】，即可实现横断面的添加、修改、移出功能。该设置一般不用操作。

39）监测点设置

点击【设置】→【监测点设置】→【选择要设置的监测点】→【添加/修改/删除】可实现各监测点信息的添加、修改、删除等功能，该设置一般不用操作。

40）测压管埋设考证表

点击【设置】→【测压管埋设考证表】→【选择要设置的测压管】→【添加/修改/删除】按钮可实现各监测点埋设考证信息的添加、修改、删除等功能，该设置一般不用操作。

41)用户设置

点击【设置】→【用户设置】,可以添加用户、删除用户、设置和修改用户的口令和权限。若增加用户,只要在用户名、密码中输入特定的用户和口令,并在操作权限中选好下发权力,然后按下【保存】按钮即可。删除用户只要在已有用户列表框中选中需要删除的用户名后,按下【删除】按钮即可。

42)综合设置

点击【设置】→【综合设置】,可进行主题设置、数据库设置、通信设置和环境量设置。默认已经设置好,一般不用操作。

主题设置:包含程序名称和主界面地图设置。

数据库设置:包含数据库名称、数据库的用户名和密码。

通信设置:包含串口设置和端口设置。

环境量设置:本系统在进行位势计算,需要用到环境量的监测数据(上游水位、下游水位)。根据实际的监测仪器设置情况,在上游水位、下游水位列表框中,选择正确的测管编号。

六、项目报告、考核评价

项目报告和考核评价要求见项目二。

思考题

1. 土石坝坝体、坝基渗流(测压管)自动化观测系统的工作原理是什么?其构成结构怎样?
2. 土石坝坝体、坝基渗流(测压管)自动化观测系统的功能有哪些?如何操作使用该系统?
3. 混凝土坝及浆砌石坝坝基扬压力观测的原理是什么?怎样进行观测与计算?
4. 土石坝、混凝土坝渗流观测资料整理与分析的方法及内容有哪些?
5. 通过本项目训练,你有哪些收获?

项目五 水闸、溢洪道运行管理岗位认知训练

一、训练目的

教师组织学生到典型的水闸或水利工程仿真模拟实训中心，如三河闸、三家店闸、蚌埠闸、杜家台闸、浑河闸、南四湖湖东大堤水闸、日照水库溢洪闸、梁山闸等，熟悉水闸、溢洪道运行管理的任务和内容，从而掌握水闸、溢洪道运行管理的基本技能。

二、能力目标

(1)能认知水闸和溢洪道的组成、结构、功能及运行特点。

(2)能运用水闸、溢洪道运行管理制度分析相关技术问题。

(3)能进行水闸和溢洪道的检查观测、养护维修、调度运用等具体管理工作。

三、训练内容

(一)水闸和溢洪道的组成、结构、功能及运行特点

1. 水闸的组成、结构、功能及运行特点

水闸按其所承担的任务，可分为节制闸、进水闸、分洪闸、排水闸、挡潮闸、冲沙闸(排沙闸)6种。水闸一般由闸室、上游连接段和下游连接段三部分组成。闸室是水闸的主体，包括：闸门、闸墩、边墩(岸墙)、底板、胸墙、工作桥、交通桥、启闭机等。闸门用来挡水和控制过闸流量。闸墩用以分隔闸孔和支承闸门、胸墙、工作桥、交通桥。底板是闸室的基础，用以将闸室上部结构的重量及荷载传至地基，并兼有防渗和防冲的作用。工作桥和交通桥用来安装启闭设备、操作闸门和联系两岸交通。上游连接段包括：两岸的翼墙和护坡以及河床部分的铺盖，有时为保护河床免受冲刷加做防冲槽和护底。用以引导水流平顺地进入闸室，保护两岸及河床免遭冲刷，并与闸室等共同构成防渗地下轮廓，确保在渗透水流作用下两岸和闸基的抗渗稳定性。下游连接段包括：护坦、海漫、防冲槽以及两岸的翼墙和护坡等。用以消除过闸水流的剩余能量，引导出闸水流均匀扩散，调整流速分布和减缓流速，防止水流出闸后对下游的冲刷。

大多数水闸是建在土基上，其运行工作特点是：①软土地基的压缩性大，承载能力低，细砂容易液化，抗冲能力差。在闸室自重及外荷作用下，地基可能产生较大的沉降或沉降差，造成闸室倾斜，止水破坏，闸底板断裂，甚至发生塑性破坏，引起水闸失事。②水闸泄流时，尽管流速不高，但水流仍具有一定的剩余能量，而土基的抗冲能力较低，可能引起水闸下游的冲刷。此外，水闸下游常出现的波状水跃和折冲水流，将会进一步加剧对河床和两岸的淘刷。同时，由于闸下游水位变幅大，闸下出流可能形成远驱水跃、临界水跃直至

淹没度较大的水跃。因此，消能防冲设施要在各种运用情况时都能满足设计要求。③土基在渗透水流作用下，容易产生渗透变形，特别是粉、细砂地基，在闸后易出现翻砂冒水，严重时闸基和两岸会被淘空，引起水闸沉降、倾斜、断裂甚至倒塌。

2. 溢洪道的组成、结构、功能及运行特点

河岸溢洪道可分为正常溢洪道和非常溢洪道两大类。正常溢洪道常用的型式主要有正槽式、侧槽式、井式、虹吸式四种。开敞式溢洪道包括正槽式、侧槽式。封闭式溢洪道包括井式、虹吸式。非常溢洪道有漫流式、自溃式、爆破引溃式等型式。

正槽式溢洪道一般由进水渠段、控制段、泄水槽段、消能防冲设施和出水渠5部分组成。其中，进水渠的作用是将水库的水平顺地引至溢流堰前；控制段又称溢流堰段，是控制溢洪道泄洪流量的关键部位，溢流堰通常选用宽顶堰、实用堰，有时也采用驼峰堰；泄水槽的特点是坡陡流急。槽内的水流特点是高速、紊乱、掺气、惯性大，对边界变化非常敏感；消能防冲设施一般采用挑流消能或底流消能，有时也可采用其他型式的消能措施，当地形地质条件允许时，优先考虑挑流消能，以节省消能防冲设施的工程投资；出水渠的作用是使溢洪道下泄的洪水顺畅地流入下游河床。

（二）水闸、溢洪道运行管理制度

如《水库溢洪闸管理制度》、《水闸工程管理细则》等。

（三）水闸和溢洪道的巡视检查、日常养护、维修加固、操作运用等具体管理工作

包括水闸、溢洪道巡视检查和日常养护的任务、要求及内容，水闸、溢洪道常见病害（如裂缝、渗漏、消能防冲设施冲毁等）巡查诊断、维修加固的方法技术，水闸操作运用的程序、方式及规程等。

例如，水闸的检查养护工作一般包括以下内容：

（1）土工建筑物有无雨淋沟、塌陷、裂缝、渗漏、滑坡和白蚁、害兽等；排水系统、导渗及减压设施有无损坏、堵塞、失效；堤闸连接段有无渗漏等迹象。

（2）石工建筑物块石护坡有无塌陷、松动、隆起、底部淘空、垫层散失；墩、墙有无倾斜、滑动、勾缝脱落；排水设施有无堵塞、损坏等现象。

（3）混凝土建筑物（含钢丝网水泥板）有无裂缝、腐蚀、磨损、剥蚀、露筋（网）及钢筋锈蚀等情况；伸缩缝止水有无损坏、漏水及填充物流失等情况。

（4）水下工程有无冲刷破坏；消力池、门槽内有无砂石堆积；伸缩缝止水有无损坏；门槽、门坎的预埋件有无损坏；上、下游引河有无淤积、冲刷等情况。

（5）闸门有无表面涂层剥落、门体变形、锈蚀、焊缝开裂或螺栓、铆钉松动；支承行走机构是否运转灵活；止水装置是否完好等。

（6）启闭机械是否运转灵活、制动准确，有无腐蚀和异常声响；钢丝绳有无断丝、磨损、锈蚀、接头不牢、变形；零部件有无缺损、裂纹、磨损及螺杆有无弯曲变形；油路是否通畅，油量、油质是否合乎规定要求等。

（7）机电设备及防雷设施的设备、线路是否正常，接头是否牢固，安全保护装置是否动作准确可靠，指示仪表是否指示正确、接地可靠，绝缘电阻值是否合乎规定，防雷设施是否安全可靠，备用电源是否完好可靠。

（8）水流形态应注意观察水流是否平顺，水跃是否发生在消力池内，有无折冲水流、

回流、旋涡等不良流态;引河水质有无污染。

溢洪道的检查养护工作一般包括以下内容:

(1)检查水库的集水面积、库容、地形地质条件和水、沙量等规划设计基本资料,按设计要求的防洪标准,验算溢洪道的过流尺寸。当过流尺寸不满足要求时,应采取各种措施予以解决。

(2)检查开挖断面尺寸,检查溢洪道的宽度和深度是否已经达到设计标准;观测汛期过水时是否达到设计的过水能力,每年汛后检查观测各组成部分有无淤积或坍塌堵塞现象;还应注意检查拦鱼栅和交通桥等建筑物对溢洪道过水能力的影响等。通过检查,发现问题应及时采取措施。

(3)应经常检查溢洪道建筑物结构完好情况,要检查溢洪道的闸墩、底板、胸墙、消力池等结构有无裂缝和渗水现象,陡坡段底板有无被冲刷、淘空、气蚀等现象,发现问题应及时采取措施进行处理。

(4)应注意检查溢洪道消能效果。溢洪道消能效果好坏,关系到工程的安全。消力池消能应注意观察水跃产生情况。鼻坎挑流要注意观察水流是否冲刷坝脚,冲坑深度是否继续扩大。

(5)做好控制闸门的日常养护,确保闸门正常工作。

(6)严禁在溢洪道周围爆破、取土、修建无关建筑。注意清除溢洪道周围的漂浮物,禁止在溢洪道上堆放重物。

四、教学方法与手段

该项目采用任务驱动,项目导向,“教、学、练、做”一体化的教学方法。教学手段是校企合作、工学结合、项目教学,由校内教师与水库管理技术人员共同指导训练、评价训练成果。

五、参考实例

实例一　山东省南四湖湖东大堤水闸工程管理细则

1　总　则

1.0.1　为了对水闸进行科学管理、正确运用,确保工程安全完整,充分发挥工程效益,不断提高水闸管理水平,依照相关法规和技术规范,结合管理局工程实际情况,制定本细则。

1.0.2　本细则适用于管理局所管理的各类水闸、涵洞共21座,其中包括:老运河节制闸、徐楼河闸、小荆河闸、汁泥河闸、下刘庄闸、老运河分洪闸、蒋庄河闸、段庄引河闸、塘子引河闸、班村引河闸、夏镇航道闸、白马河右岸分洪涵闸、白马河左岸分洪涵闸、蒋集河右岸分洪涵闸、蒋集河左岸分洪涵闸、幸福河涵洞、鲁桥中心沟涵洞、黄山沟涵洞、时王口涵洞、郗山西涵洞、解放沟涵洞。

1.0.3　水闸的主要功能任务

1　防洪功能:在洪水期防止南四湖洪水回灌河道,保证南四湖湖内客水不外泄到湖东地区,减少湖东地区因客水而增加的防洪负担;

2　泄洪功能:排泄河道洪水入南四湖,提高湖东地区的防洪功能;

3　分洪功能:在洪水期分泄南四湖洪水入滞洪区;

4　排涝、灌溉功能:可使农田内涝水通过水闸排入南四湖,可从南四湖内引水灌溉农田或工矿企业之用。

1.0.4　水闸工程管理工作内容主要包括:

1　贯彻执行国家和省有关的法律、法规、规章及上级主管部门的指示。

2　制定和完善本工程技术岗位责任制度和操作规程,并贯彻执行。

3　掌握水情、雨情、工情,做好防汛、抗旱工作和其他服务工作。

4　根据控制运用原则和上级主管部门的指令做好水闸的控制运用。

5　对工程进行检查观测,并及时分析研究,随时掌握工程状态。

6　对工程进行养护修理,消除工程缺陷和隐患,确保工程安全完整。

7　定期组织对水闸进行安全鉴定,完成水闸的注册登记工作。

8　做好依法管理、安全保卫和安全生产管理工作。

9　做好档案归档与管理工作。

10　结合工程管理业务需要,开展科学研究和技术革新,积极推广应用新技术,提高管理水平;加强职工教育和业务培训,提高职工队伍素质。

1.0.5　管理人员应认真学习本细则和有关技术标准,熟悉工程规划、设计、施工等情况,熟悉工程各部位结构,掌握控制运用、检查观测、养护修理等管理业务,做好所管工程的管理工作。

1.0.6　根据所管工程的情况和要求,建立健全各项管理制度,各项制度均应在适宜位置明示。主要应包括:

1　管理人员岗位责任制;

2　水利工程维修养护管理制度;

3　闸(涵)工程管理巡查制度;

4　闸(坝)管理制度;

5　水利工程检查观测制度;

6　防汛责任制度;

7　防汛值班制度;

8　汛期特别值守制度;

9　工程管理责任追究制度;

10　水利工程管理考核办法;

11　水利工程安全生产管理制度;

12　档案管理制度;

13　培训学习制度。

1.0.7　建立《工程大事记》,对管理中发生的重大问题,应详细记录并归入档案。

1.0.8　全面推行水利工程规范化管理考核,根据《山东省水利工程规范化管理考核办法》《山东省拦河闸(坝)规范化管理考核标准》《济宁水利工程规范化管理考核办法》《济宁市南四湖水利管理局工程管理考核办法》的要求开展考核工作。

1.0.9 水闸管理除应符合本细则外,尚应符合国家与行业现行有关标准的规定。

2 控制运用

2.1 一般规定

2.1.1 根据水闸规划设计要求和济宁市防汛抗旱调度方案制订水闸控制运用原则或方案,报上级主管部门批准。水闸的控制运用应服从上级防汛指挥机构的调度。

2.1.2 水闸控制运用,应符合下列原则:

1 局部服从全局,兴利服从抗灾,统筹兼顾;

2 综合利用水资源;

3 按照有关规定和协议合理运用;

4 与上、下游和相邻有关工程密切配合运用。

2.1.3 根据规划设计的工程特征值,结合工程现状确定下列有关指标,作为控制运用的依据:

1 上、下游最高水位、最低水位;

2 最大过闸流量,相应单宽流量及上、下游水位;

3 最大水位差及相应的上、下游水位;

4 上、下游河道的安全水位和流量;

5 兴利水位和流量。

2.1.4 当水闸确需超标准运用时,应进行充分的分析论证和复核,提出可行的运用方案,报上级主管部门批准后施行。运用过程中应加强工程观测,发现问题及时处置。

2.1.5 在保证工程安全,不影响工程效益发挥的前提下,可保持通航河道水位相对稳定和最小通航水深。

2.1.6 水闸泄流时,应防止船舶和漂浮物影响闸门启闭或危及闸门、建筑物安全。

2.2 闸门操作运用

2.2.1 闸门操作运用的基本要求是:

1 过闸流量应与下游水位相适应,使水跃发生在消力池内;当初始开闸或较大幅度增加流量时,应采取分次开启办法,每次泄放的流量应根据始流时闸下安全水位—流量关系曲线确定,并根据闸门开高—水位—流量关系曲线确定闸门开高;每次开启后需等闸下水位稳定后才能再次增加开启高度。

2 过闸水流应平稳,避免发生集中水流、折冲水流、回流、旋涡等不良流态。

3 关闸或减少过闸流量时,应避免下游河道水位降落过快。

4 应避免闸门开启高度在发生振动的位置。

2.2.2 闸门启闭前应做好下列准备工作:

1 检查上下游管理范围和安全警戒区内有无船只、漂浮物或其他阻水障碍,并进行妥善处理。

2 闸门开启泄流前,应及时发出预警,通知下游有关村庄和单位。

3 检查闸门启、闭状态,有无卡阻。

4 检查机电等启闭设备是否符合安全运行要求。

5 观察上、下游水位、流态,查对流量。

2.2.3 多孔水闸的闸门操作运用应符合下列规定:

1 多孔水闸闸门应按设计提供的启闭要求或管理运用经验进行操作运行,一般应同时分级均匀启闭,不能同时启闭的,应由中间向两边依次对称开启,由两边向中间依次对称关闭。

2 多孔闸闸下河道淤积严重时,可开启单孔或少数孔闸门进行适度冲淤,但应加强监视,严防消能防冲设施遭受损坏。

2.2.4 闸门操作应遵守下列规定:

1 应由熟练人员进行操作、监护,做到准确及时。

2 有锁定装置的闸门,闭门前应先打开锁定装置;闸门开启时,待锁定可靠后,才能进行下一孔操作。

3 两台启闭机控制一扇闸门的,应严格保持同步;一台启闭机控制多扇闸门的,闸门开高应保持相同。

4 闸门正在启闭时,不得按反向按钮,如需反向运行,应先按停止按钮,然后才能反向运行。

5 运行时如发现异常现象,如沉重、停滞、卡阻、杂声等,应立即停止运行,待检查处理后再运行。

6 当闸门开启接近最大开度或关闭接近底板门槛时,应加强观察并及时停止运行;遇有闸门关闭不严现象,应查明原因进行处理。

2.2.5 闸门启闭结束后,应核对启闭高度、孔数,观察上下游流态,并填写启闭记录,内容包括:启闭依据、操作人员、操作时间、启闭顺序及历时、水位、流量、流态、闸门开高、启闭设备运行情况等。

2.2.6 采用计算机自动监控的水闸,应根据本工程的具体情况,制定相应的运行操作和管理规程。

2.2.7 结合工程的具体情况,参照本细则附录A制定闸门开/关门操作命令单。每次启闭闸门均应认真填写操作命令单,并存档。

2.3 防汛工作

2.3.1 每年汛前做好以下工作:

1 进行汛前工程检查观测,做好设备保养工作。

2 制订各项汛期工作制度和汛期工作计划,落实各项防汛责任制。

3 根据工情、水情变化情况,修订本工程防洪预案,对可能发生的险情,拟订应急抢险方案。

4 检查和补充机电设备备品备件、防汛抢险器材和物资。

5 检查通信、照明、备用电源、起重、运输设备等是否完好。

6 清除管理范围内上下游河道的行洪障碍物,保证水流畅通。

7 按批准的岁修、急办项目计划,完成度汛应急工程。

2.3.2 在防汛期间做好以下工作:

1 加强汛期岗位责任制的执行,各项工作应定岗落实到人。

2 加强24 h防汛值班,确保通信畅通,密切注意水情、雨情、工情,及时掌握气象预报,特别是洪水预报工作,准确及时地执行上级主管部门的指令。

3 严格执行请示汇报制度,按上级主管部门的要求和规定执行。

4 防汛期间严格执行请假制度,未经批准不得擅自离开工作岗位。

5 进一步加强工程的检查观测,随时掌握工程状况,发现问题及时处理。

6 闸门开启后,应加强对工程和水流情况的巡视检查,行洪时,应有专人昼夜值班;泄水后,应对工程进行检查,发现问题及时上报并进行处理。

7 对影响安全运行的险情,应及时组织抢修,并向上级主管部门汇报。

2.3.3 汛后应做好以下工作:

1 开展汛后工程检查观测,做好设备保养工作。

2 检查机电设备备品备件、防汛抢险器材和物资消耗情况,编制物资补充计划。

3 根据汛后检查发现的问题,编制下一年度工程养护修理计划。

4 按批准的岁修、水毁项目计划,按期完成工程施工。

5 及时进行防汛工作总结,制订下一年度工作计划。

2.4 冰冻期间运用

2.4.1 在每年11月底前制订冬季管理计划,做好防冻、防冰凌的准备工作,备足所需物资。

2.4.2 冰冻期间应因地制宜地采取有效的防冻措施,防止建筑物及闸门受冰压力损坏和冰块的撞击;闸门启闭前,应采取措施,消除闸门周边和运转部位的冻结。

2.4.3 封冻期间,应保持闸上水位平稳,以利上游形成冰盖。

2.4.4 解冻期间一般不宜泄水,如必须泄水时,应将闸门提出水面或小开度泄水。

2.4.5 雨雪后,应立即清除建筑物表面及其机械设备上的积雪、积水,防止冻结、冻坏设备。备用的柴油发电机组在不使用时,应做好保暖和防冻措施。

3 检查观测

3.1 一般规定

3.1.1 水闸检查观测的主要任务应包括以下内容:

1 监视水情和水流形态、工程状态变化和工作情况,掌握水情、工情变化规律,为正确管理提供科学依据。

2 及时发现异常现象,分析原因,采取措施,防止发生事故。

3 验证工程规划、设计、施工及科研成果,为发展水利科学技术提供资料。

3.1.2 检查观测工作应符合下列要求:

1 检查观测应按规定的项目、测次和时间执行。

2 检查观测资料应详细记录,成果应真实、准确,精度符合要求,资料应及时整理、分析。

3 观测设施应妥善保护;观测、检测仪器和工具应定期校验、维护。

3.2 检查工作

3.2.1 水闸检查工作,应包括经常检查、定期检查、特别检查和安全鉴定。

3.2.2 经常检查:经常管理范围内的建筑物各部位、闸门及锚固件、启闭机、机电设备、观测设施、通信设施等进行巡视检查。检查时应填写检查记录,遇有异常情况,应及时采取措施进行处理。检查周期,每半月一次。当水闸处于泄水运行状态或遭受不利因素影响时,对容易发生问题的部位应加强检查观察。

3.2.3 定期检查:每年汛前、汛后,应对水闸各部位及各项设施进行全面检查,定期对水下工程进行检查。

1 汛前检查:着重检查岁修工程和度汛应急工程完成情况,安全度汛存在问题及措施,防汛工作准备情况,对工程各部位和设施进行详细检查,并对闸门、启闭机、备用电源等进行检查和试运行,对检查中发现的问题提出处理意见并及时进行处理,对影响安全度汛而又无法在汛前解决的问题,应制订度汛应急方案;汛前检查应结合保养工作同时进行;汛前检查要求在4月底前完成。

2 汛后检查:着重检查工程和设备度汛后的变化和损坏情况,冰冻期间,还应检查防冻措施落实及其效果等;汛后检查要求在10月底前完成。

3 水下检查:着重检查水下工程的损坏情况,一般每两年进行一次。

3.2.4 当水闸遭受特大洪水、风暴、强烈地震和发生重大工程事故时,应及时报上级主管部门,并组织对工程进行特别检查,对发现的问题进行分析,并制订修复方案和计划。

3.2.5 定期检查、特别检查和安全鉴定结束后,应根据成果作出检查、鉴定报告,按规定报上级主管部门。

3.2.6 定期检查应包括以下内容:

1 管理范围内有无违章建筑和危害工程安全的活动,环境应整洁、美观。照明、通信、安全防护设施及信号、标志是否完好。

2 水闸有无裂缝、腐蚀、磨损、剥蚀、露筋(网)及钢筋锈蚀等情况;伸缩缝止水有无损坏、漏水及填充物流失等情况。堤闸连接段有无渗漏等迹象。

3 水下工程的底板、闸墩、铺盖、护坦、翼墙水平止水和垂直止水等有无损坏;门槽、门底预埋件有无损坏,有无块石、树枝等杂物影响闸门启闭;底板、闸墩、翼墙、护坦、消力池、消力槛等部位表面有无裂缝、异常磨损、混凝土剥落、露筋等;消力池内有无砂石等淤积物;海漫、防冲槽有无松动、塌陷;上、下游引河有无淤积、冲刷等情况。

4 闸门有无表面涂层剥落,门体有无变形、锈蚀、焊缝开裂或螺栓、铆钉松动;支承行走机构是否运转灵活;止水装置是否完好等。

5 启闭机构是否运转灵活、制动准确可靠,有无腐蚀和异常声响;钢丝绳有无断丝、磨损、锈蚀、接头不牢、变形;零部件有无缺损、裂纹、磨损及螺杆有无弯曲变形;油路是否通畅,油量、油质是否符合规定要求等。

6 机电设备、防雷设施的设备、线路是否正常,接头是否牢固,安全保护装置是否动作准确可靠,指示仪表是否指示正确,接地是否可靠,绝缘电阻值是否符合规定,防雷设施是否安全可靠,备用电源是否完好可靠;自动监控系统工作是否正常、动作可靠,精度是否满足要求等。

7 水流形态,应注意观察水流是否平顺,水跃是否发生在消力池内,有无折冲水流、回流、旋涡等不良流态;引河水质有无污染。

结合工程的具体情况,根据本细则3.2的规定,参照本细则附录B制定经常检查记录表。每次检查均应认真填写记录表,并存档。

3.3 设备评级

3.3.1 定期对闸门、启闭机进行设备评级,一般每4年进行一次,可结合定期检查进行。

3.3.2 评级工作按照评级单元、单项设备、单位工程逐级评定。

3.3.3 评级单元为独立项目,如操作规程、值班记录及设备可分解的部件(如闸门的门叶、启闭机的电机)等,按下列标准评定一、二、三类:

1 一类单元:主要项目80%(含80%)以上符合评级单元标准规定,其余项目基本符合规定。

2 二类单元:主要项目70%(含70%)以上符合评级单元标准规定,其余项目基本符合规定。

3 三类单元:达不到二类单元者为三类单元。

评级单元标准按照《水利水电工程闸门及启闭机、升船机设备管理等级评定标准》(SL 240—1999)的规定执行。

3.3.4 单项设备为由独立部件组成并且有一定功能的结构或设备,如闸门、启闭机,按下列标准评定一、二、三类:

1 一类设备:结构完整,技术状态良好,能保证安全运行,所有评级单元均为一类单元。

2 二类设备:结构基本完整,局部有轻度缺陷,可在短期内修复,技术状态基本完好,不影响安全运行,所有评级单元均为一、二类单元。

3 三类设备:达不到二类设备者为三类设备。

3.3.5 单位工程为以单元建筑物划分的结构和设备,按下列标准评定一、二、三类:

一类单位工程:单位工程中的单项设备80%(含80%)以上评为一类设备,其余均为二类设备。

二类单位工程:单位工程中的单项设备70%(含70%)以上评为一、二类设备。

三类单位工程:达不到二类单位工程者为三类单位工程。

3.3.6 单项设备被评为三类的应限期整改;单位工程被评为三类的,在限期整改的同时,应组织实施进行安全鉴定。

3.4 安全鉴定

3.4.1 水闸安全鉴定的周期:首次安全鉴定应在竣工验收后5年内进行,以后应每隔10年进行1次全面安全鉴定。运行中遭遇超标准洪水、强烈地震、工程发生重大事故后,应及时进行安全检查,如出现影响安全异常现象,应及时进行安全鉴定。闸门等单项工程达到折旧年限,应按有关规定和规范适时进行单项安全鉴定。

3.4.2 安全鉴定的内容:水闸安全鉴定工作内容应按照《水闸安全鉴定规定》(SL 214—98)执行,工作内容包括现状调查、现场安全检测、工程复核计算、安全评价等。

1 现状调查应进行设计、施工、管理等技术资料收集,在了解工程概况、设计和施工、运行管理等基本情况基础上,初步分析工程存在问题,提出现场安全检测和工程复核计算项目,编写工程现状调查分析报告。

2　现场安全检测包括确定检测项目、内容和方法，主要是针对地基土和填料土的基本工程性质，防渗导渗和消能防冲设施的有效性和完整性，混凝土结构的强度、变形和耐久性，闸门、启闭机的安全性，电气设备的安全性，观测设施的有效性等，按有关规程进行检测后，分析检测资料，评价检测部位和结构的安全状态，编写现场安全检测报告。

3　工程复核计算应以最新的规划数据、检查观测资料和安全检测成果为依据，按照有关规范，进行闸室、岸墙和翼墙的整体稳定性、抗渗稳定性、抗震能力、水闸过水能力、消能防冲、结构强度以及闸门、启闭机、电气设备等复核计算，编写工程复核计算分析报告。

4　安全评价应在现状调查、现场安全检测和工程复核计算基础上，充分论证数据资料可靠性和安全检测、复核计算方法及其结果的合理性，提出工程存在的主要问题、水闸安全类别评定结果和处理措施建议，并编制水闸安全评价总报告。

3.4.3　安全鉴定应符合下列要求：

1　安全鉴定工作应按照《水闸安全鉴定管理办法》（水建管〔2008〕214 号）规定的程序进行。

2　根据工程使用年限和存在问题制订安全鉴定计划。

3　大型水闸安全鉴定的审查审定工作由省水利厅负责组织；中型水闸安全鉴定的审查审定工作由设区的市级水行政主管部门负责组织，并在审定完成后将各水闸安全鉴定报告书报省水利厅备案。

4　经安全鉴定并认定为三类水闸的，应及时编制除险加固计划，报上级主管部门批准。

5　大中型水闸工程由于规划设计变更等原因需要报废，或经安全鉴定认定为四类水闸需要报废或降等使用的，应报省水利厅批准。

3.5　观测工作

3.5.1　观测工作的基本要求是：保持观测工作的系统性和连续性，按照规定的项目、测次和时间，在现场进行观测。要求做到"四随"（随观测、随记录、随计算、随校核）、"四无"（无缺测、无漏测、无不符合精度、无违时）、"四固定"（人员固定、设备固定、测次固定、时间固定），以提高观测精度和效率。

3.5.2　观测项目应按设计要求确定。设计未作规定的，可结合工程具体情况和需要确定。必要时，可增列一些专门性观测项目。

1　一般性观测项目有：垂直位移、扬压力、裂缝、河床冲淤变化、水位、流量等。

2　专门性观测项目有：水平位移、绕渗、伸缩缝、混凝土碳化、水流形态、水质、泥沙、冰凌等。

3.5.3　观测时间和次数

垂直位移应每季度观测一次；经资料分析建筑物的垂直位移已趋于稳定的，可改为每年汛前、汛后各观测一次；非常运行情况时，必须随时增加测次。

扬压力可每半月观测一次；当上下游水位差接近设计值、超标准运用或遇有影响工程安全的灾害时，应随时增加测次。

裂缝和伸缩缝观测时，应同时观测气温、上下游水位等，并了解结构荷载情况。一般每季度观测一次。非常运行情况时应增加测次。

河床冲於变化一般每年汛前或汛后观测一次。对于冲淤变化比较严重的必须在汛前、汛后各观测一次。

水位和流量应每天上午8时进行观测，汛期和非常运用时应加强观测。

混凝土碳化、水流形态、水质、泥沙、冰凌观测可根据工程运用方式、水位流量等组合情况不定期进行，一般可结合工程控制运用进行，在发生超标准运用时应加强观测。

3.5.4 每次观测结束后，应及时对记录资料进行计算和整理，并对观测成果进行初步分析，如发现观测精度不符合要求，应立即重测。如发现异常情况，应即进行复测，查明原因并报上级主管部门，同时加强观测，并采取必要的措施。

3.5.5 每年初均应对上一年度观测资料进行整编，并将整编成果报上级主管部门审查，对审查合格的资料整编成果应装订成册，归入档案。

3.5.6 对发现的异常现象应作出专项分析，必要时可会同科研、设计、施工人员作专题研究。

4　养护修理

4.1 一般规定

4.1.1 水闸养护修理工作分为养护、岁修、抢修和大修，其划分界限应符合下列规定：

1　养护：对经常检查发现的缺陷和问题，随时进行保养和局部修补，以保持工程及设备完整清洁，操作灵活。

2　岁修：根据汛后全面检查发现的工程损坏和问题，对工程设施进行必要的整修和局部改善。对于影响安全度汛的问题，应在主汛期到来前完成。

3　抢修：当工程及设备遭受损坏，危及工程安全或影响正常运用时，应立即采取抢护措施。

4　大修：当工程发生较大损坏或设备老化，修复工程量大，技术较复杂，应有计划地进行工程整修或设备更新。

4.1.2 养护修理工作应本着“经常养护、及时修理，养修并重”的原则进行，并应符合下列要求：

1　岁修、抢修和大修工程，应以恢复原设计标准或局部改善工程原有结构为原则，制订的修理方案，应根据检查和观测成果，结合工程特点、运用条件、技术水平、设备材料和经费承受能力等因素综合确定。

2　抢修工程应做到及时、快速、有效，防止险情发展。

3　应根据有关规定明确各类设备的检修、试验和保养周期，并定期进行设备等级评定。

4　应建立设备养护修理卡制度，建立单项设备技术管理档案，逐年积累各项资料，包括设备技术参数、安装、运用、缺陷、养护、修理、试验等相关资料。

5　应根据工程及设备情况，备有必要的备品、备件。

4.1.3 积极推行管养分离，精干管理机构，提高养护修理水平。

4.2 养护修理项目管理

4.2.1 根据汛后检查的结果，编制次年的岁修养护、防汛急办和大修加固等工程维修计划。

4.2.2　工程养护修理计划应根据《水利工程维修养护定额标准(试点)》及其他相关定额编制,并按规定时间报上级主管部门。

4.2.3　工程养护修理计划下达后,应尽快组织实施。凡影响安全度汛的项目应在汛前完成,其余项目应于年底前完成。需跨年度施工的,应报上级主管部门批准。

4.2.4　工程养护修理项目实行项目负责人制度,根据批准的计划,认真编制施工方案,并按照批准的方案组织实施,保质、保量、按时完成。

4.2.5　工程养护修理经费实行“专款专用”,项目和经费计划需要调整的,应报上级主管部门批准。

4.2.6　外包工程项目应按照有关规定,选择具有施工资质和能力的修理施工队伍,签订合同,加强项目管理。

4.2.7　养护修理工作应作详细记录并及时进行整理。完工后,进行总结,报上级主管单位,重要项目由上级主管单位组织检查验收。

4.3　水闸的养护修理要求

4.3.1　水闸的反滤设施、减压井、导渗沟、排水设施等应保持畅通,如有堵塞、损坏,应予疏通、修复。砌石护坡、护底遇有松动、塌陷、隆起、底部淘空、垫层散失等现象时,应按原状及时修复。

4.3.2　水闸表面应保持清洁完好,积水、积雪应及时排除;门槽、闸墩等处如有苔藓、蚧贝、污垢等应予清除。闸门槽、底坎等部位淤积的砂石、杂物应及时清除,底板、消力池、门库范围内的石块和淤积物应定期清除。

4.4　闸门的养护修理

4.4.1　闸门外观应整洁,梁格、臂杆内无积水,闸门吊耳、门槽、弧形门支铰及结构夹缝处等部位的杂物应及时清理,附着的水生物、泥沙和漂浮物等杂物应定期清除。

4.4.2　运转部位的加油设施应保持完好、畅通,并定期加油。

4.4.3　钢闸门可采用涂装涂料和喷涂金属等措施防腐蚀,如局部构件锈损严重,应按锈损程度,在其相应部位加固或更换。

4.4.4　闸门止水装置出现磨损、变形、老化漏水量超过规定时,应及时予以更换;更换后的止水装置应达到原设计的止水要求。

4.4.5　钢闸门门叶及其梁系结构、臂杆等发生局部变形、扭曲、下垂时,应核算其强度和稳定性,并及时矫形、补强或更换。

4.4.6　闸门的连接紧固件如有松动、缺失,应分别予以紧固、更换、补全;焊缝脱落、开裂锈损,应及时补焊。

4.4.7　闸门行走支承装置的零部件出现下列情况时应更换,更换的零部件规格和安装质量应符合原设计要求:

1　滑道损伤或滑动面磨损严重。

2　轴和轴套出现裂纹、压陷、变形、磨损严重。

3　滚轮出现裂纹、磨损严重或锈死不转。

4　主轨道变形、断裂、磨损严重。

4.4.8 吊座与门体应联结牢固，销轴的活动部位应定期清洗加油。吊耳、吊座、绳套出现变形、裂纹或锈损严重时应更换。

4.4.9 闸门的预埋件应有暴露部位非滑动面的保护措施，保持与基体联结牢固、表面平整、定期冲洗。主轨的工作面应光滑平整并在同一垂直平面，其垂直平面度误差应符合图纸规定。

4.4.10 闸门锁定装置必须安全可靠，操作方便，动作灵活，两侧锁定必须受力均匀。

4.4.11 冰冻期间应因地制宜地对闸门采取有效的防冰冻措施。

4.4.12 检修闸门放置应整齐有序，并进行防腐保护，如局部破损或止水损坏，应进行修理。

4.5 启闭机的养护修理

4.5.1 启闭机防护罩、机体表面应保持清洁，除转动部位的工作面外，应采取防腐蚀措施。防护罩应固定到位，防止齿轮等碰壳。

4.5.2 启闭机机架不得有明显变形、损伤或裂纹，底脚连接应牢固可靠。

4.5.3 启闭机的连接件应保持紧固，不得有松动现象。联轴节连接的两轴同轴度应符合规定。弹性联轴节内弹性圈如出现老化、破损现象，应予更换。

4.5.4 启闭机传动轴等转动部位应涂红色油漆，油杯应涂黄色标志。

4.5.5 机械传动装置的转动部位应及时加注润滑油，并符合下列要求：

1 根据启闭机转速或按照说明书要求选用合适的润滑油脂。

2 减速箱内油位应保持在上、下限之间，油质须合格。

3 油杯、油道内油量要充足，并经常在闸门启闭运行时旋转油杯，使轴承得以润滑。

4.5.6 注油设施（如油孔、油道、油槽、油杯等）应保持完好，油路应畅通，无阻塞现象。油封应密封良好，无漏油现象。一般应根据工程启闭频率定期检查保养，清洗注油设施，并更换油封，换注新油。

4.5.7 滑动轴承的轴瓦、轴颈，出现划痕或拉毛时应修刮平滑。轴与轴瓦配合间隙超过规定时，应更换轴瓦。滚动轴承的滚子及其配件，出现损伤、变形或磨损严重时，应更换。

4.5.8 闸门开度指示器，应定期校验，确保运转灵活，指示准确。

4.5.9 制动装置应经常维护，适时调整，确保动作灵活、制动可靠。进行维修时，应符合下列要求：

1 制动轮、闸瓦表面不得有油污、油漆、水分等。

2 闸瓦退距和电磁铁行程调整后，应符合《水利水电工程启闭机制造、安装及验收规范》（DL/T 5019—94）的有关规定。

3 制动轮出现裂纹、砂眼等缺陷，必须进行整修或更换。

4 制动带磨损严重，应予更换。制动带的铆钉或螺钉断裂、脱落，应立即更换补齐。

5 主弹簧变形，失去弹性时，应予更换。

6 蜗轮蜗杆应保持自锁可靠，锥形磨擦圈间隙调整适当，定期适量加油。

4.5.10 卷扬式启闭机卷筒及轴应定位准确、转动灵活，卷筒表面、辐板、轮缘、轮毂等不得有裂纹或明显损伤。开式齿轮应保持清洁，表面润滑良好，无损坏及锈蚀。

4.5.11 钢丝绳应定期清洗保养，并涂抹防水油脂。修理时应符合下列要求：

1 钢丝绳达到《起重机械用钢丝绳检验和报废实用规范》(GB 5972—86)规定的报废标准时,应予更换。

2 钢丝绳与闸门连接端断丝超标时,其断丝范围不超过预绕圈长度的1/2时,允许调头使用。

3 更换钢丝绳时,缠绕在卷筒上的预绕圈数,应符合设计要求。无规定时,应大于4圈,其中2圈为固定用,另外2圈为安全圈。

4 钢丝绳在卷筒上固定应牢固,压板、螺栓应齐全,压板、夹头的数量及距离应符合《起重机械安全规程》(GB 6067—85)的规定。

5 钢丝绳在卷筒上应排列整齐,不咬边、不偏档、不爬绳。

6 发现绳套内浇注块粉化、松动时,应立即重浇。

7 双吊点闸门钢丝绳应保持两吊点在同一水平,防止闸门倾斜;一台启闭机控制多孔闸门时,应使每一孔闸门在开启时保持同高。

8 弧型闸门钢丝绳与面板连接的铰链应转动灵活。

9 更换的钢丝绳规格应符合设计要求,应有出厂质保资料。

4.5.12 在闭门状态钢丝绳不得过松。滑轮组应转动灵活,滑轮内钢丝绳不得出现脱槽、卡槽现象(见表5-1)。

表5-1 启闭机设备维修养护检查表

检查项目	检查周期	检查内容	处理意见
钢丝绳	月	松紧度是否合适,表面断股数,绳头固定点是否牢固,锈蚀现象,润滑度	调节,根据保养要求处理花兰螺丝止转装置,黄油润滑,清洁表面
绳鼓	周	转动灵活,磨损、变形位移,润滑度	发现问题及时上报处理,每2月加油润滑
搁门器总成	周	搁门位置正确,转动灵活,勤加油	发现问题及时解决、调整
启闭机、机架底座	天	变形、位移、运行时共振、锈蚀	查原因,定措施
联轴节	周	查连接皮带是否破损,紧固夹板松动	调换、紧固、及时处理
电动机	年	转动平稳、无杂声,电流温升正常,接线桩保护接地良好可靠护接地良好可靠	发现问题及时解决,定期对电动机保养(2年)
紧固件	天	松动、锈蚀	紧固、破损及时调换
限位开关及拨杆	周	触头完好、无明显氧化,动作清楚,位置正确,紧固良好	定期更换(或工作次数),调正,紧固可靠

续表 5-1

检查项目	检查周期	检查内容	处理意见
电气接线箱	周	接线可靠,无杂物,锈蚀现象,防雨措施	紧固、清洁、加防雨装置
工作桥照明灯	周	有无不亮的照明灯	及时更换修理

4.6 机电设备的养护修理

4.6.1 电动机的养护应符合下列规定:

1 电动机的外壳应保持无尘、无污、无锈。

2 接线盒应防潮,压线螺栓应紧固,损坏应更换。

3 轴承内的润滑脂应保持填满空腔内 1/2 ~ 1/3,油质合格。定子与转子间的间隙要保持均匀,轴承如有松动、磨损,应及时更换。

4 绕组的绝缘电阻值应定期检测,小于 0.5 MΩ 时,应进行干燥处理,如绕组绝缘老化,应视老化程度采用浸绝缘漆、干燥或更换绕组。

4.6.2 操作设备的养护应符合下列规定:

1 动力柜、照明柜、启闭机操作箱、检修电源箱等应定期清洁,保持箱内整洁,设在露天的操作箱、电源箱应防雨、防潮;所有电气设备金属外壳均有明接地,并定期检测接地电阻值,如超过规定,应增设补充接地极。

2 各种开关、继电保护装置应保持干净、触点良好、接头牢固,如发现接触不良,应及时维修,如老化、动作失灵,应予更换;热继电器整定值应符合规定。

3 主令控制器及限位开关装置应经常检查、保养和校核,确保限位准确可靠,触点无烧毛现象;上下限位装置应分别与闸门最高、最低位置一致。

4 熔断器的熔丝规格必须根据被保护设备的容量确定,熔丝熔断后应检查原因,查看线路、设备是否正常,不得改用大规格熔丝,严禁使用其他金属丝代替。

5 各种仪表(电流表、电压表、功率表等)应按规定定期检验,保证指示正确灵敏,如发现失灵,应及时检修或更换。

4.6.3 输电线路的养护应符合下列规定:

1 各种电气设备应防止发生漏电、短路、断路、虚连等现象;线路故障,应及时检测、维修或更换。

2 线路接头应连接良好,并注意防止铜铝接头锈蚀。

3 架空线路与树木之间的净空距离应符合规定要求,经常巡视架空线路,清除线路障碍物。

4 定期测量导线绝缘电阻值,对一次回路、二次回路及导线间的绝缘电阻值都不应小于 0.5 MΩ。

4.6.4 线路、电动机、操作设备、电缆等必须保持接线相序正确,接地可靠,接地电阻值应不大于 4 Ω,否则应增设补充接地极。

4.6.5　备用电源的柴(汽)油发电机组应按有关规定定期养护、检修。

4.6.6　建筑物防雷设施的养护应符合下列规定:

1　避雷针(线、带)及引下线如锈蚀量超过截面30%以上时,应予更换。

2　导电部件的焊接点或螺栓接头如脱焊、松动应予补焊或旋紧。

3　接地装置的接地电阻值应不大于10 Ω,否则应增设补充接地极。

4.6.7　电气设备的防雷设施应按供电部门的有关规定进行定期校验。

4.6.8　防雷设施的构架上,严禁架设低压线、广播线及通信线。

4.7　观测设施的养护修理

4.7.1　一般性观测项目的观测设施,如有损坏应及时修复。其中,测压管(扬压力)滤层淤塞或失效,宜重新补设。

4.7.2　专门性观测项目的观测设施,如有损坏应及时修复。

4.7.3　各观测设施的标志、盖锁、围栏或观测房,如有损坏应及时修复。

4.7.4　主要观测仪器、设备(包括自动化观测及其传输设备),如有损坏应及时修复或更新。

4.8　自动监控设施的维护

4.8.1　自动监控系统硬件设施的维护应遵守下列规定:

1　定期对传感器、可编程序控制器、指示仪表、保护设备、视频系统、通信系统、计算机及网络等系统硬件进行检查维护和清洁除尘。

2　按规定时间定期对传感器、指示仪表、保护设备等进行率定和精度校验,对不符合要求的设备进行检修、校正或更换。

3　定期对保护设备进行灵敏度检查、调整,对云台、雨刮器等转动部分加注润滑油。

4.8.2　自动监控系统软件系统的维护管理应遵守下列规定:

1　应制定计算机控制操作规程并严格执行。

2　加强对计算机和网络的安全管理,配备必要的防火墙。

3　定期对系统软件和数据库进行备份,对技术文档妥善保管。

4　有管理权限的人员对软件进行修改或设置时,修改或设置前后的软件应分别进行备份,并做好修改记录。

5　对运行中出现的问题详细记录,并通知开发人员解决和维护。

6　及时统计并上报有关报表。

4.8.3　自动监控系统发生故障或显示告警信息时,应查明原因,并及时排除。

5　安全工作

5.1　依法管理

5.1.1　根据有关法律法规,对水闸管理范围内水事活动进行监督检查,维护正常的工程管理秩序。

5.1.2　加强对工程管理范围的巡查活动,发现侵占、破坏或损坏水利工程的行为,应立即采取有效措施予以制止,并依法进行查处,令其恢复原状。

5.1.3　依法对工程管理范围内批准的建设项目进行监督管理。

5.1.4 受水行政执法机关委托,征收工程管理范围内涉水项目水行政规费。

5.1.5 管理人员应协助和配合公安、司法等部门查处发生在工程管理范围内的水事治安和刑事案件。

5.1.6 积极开展水法规的宣传和教育活动。

5.2 安全管理

5.2.1 建立健全安全生产网络,由单位负责人、技术负责人及各生产组安全员组成,负责安全生产技术措施的管理及检查。安全员的职责主要是监督职工认真执行操作规程和各项安全制度,检查本单位的各项安全措施是否落实到位。

5.2.2 组织职工认真学习、宣传和贯彻执行《中华人民共和国水法》《中华人民共和国安全生产法》等法律、法规,对管理范围内环境和工程设施的保护,应遵守以下规定:

1 严禁在水闸管理范围内进行爆破、取土、埋葬、建窑、倾倒垃圾或排放有毒有害污染物等危害工程安全的活动。

2 按有关规定对管理范围内的工程和生活设施进行安全监督。

3 公路桥两端应竖立限载、限速标志;禁止无铺垫的履带车、铁轮车直接通过桥面,如果确需过桥,应用软草及木板等铺垫后方许通过。

4 妥善保护机电设备、水文、通信、观测设施,防止人为毁坏;非工作人员不得进入工作桥、启闭机房。

5 严禁在堤身及挡土墙后填土区上堆置超重物料。

6 水闸上下游应设立安全警戒标志,并禁止在警戒区内停泊船只、捕鱼、游泳;禁止在建筑物边缘及桥面进行游戏、钓鱼。

7 按照《水闸工程管理设计规范》(SL 170—96)等有关规定划定工程管理范围和保护范围,并对水闸工程管理范围进行确权划界,领取土地使用证,并设置明显界桩。

5.3 安全生产

5.3.1 对全体职工经常进行安全生产宣传教育工作,组织职工学习安全法规和安全知识,搞好安全生产。特种作业人员必须经专业培训、考核并持证上岗。

5.3.2 定期进行专项安全检查,防火、防爆、防暑、防冻等措施落实。对管理工作中出现的不安全因素,应及时解决。

5.3.3 工程施工中应成立安全检查小组,在开始工作前安全负责人应向工作人员讲解有关安全知识,交代有关安全注意事项,对施工环境、设备、工具、保安措施(如安全带、安全帽、安全网等)以及操作者身体等情况逐一检查,不符合安全规定的,不得进行作业。

5.3.4 严格按照操作规程操作,并配备必要的安全设施。安全标记齐全,电气设备周围应有安全警戒线,易燃、易爆、有毒物品的运输、储存、使用按有关规定执行。办公室、启闭机房、发电机房、变电所、配电间、控制室、修理车间及仓库等重要位置应配备灭火器具。

5.3.5 应按规定定期对消防用品、安全用具进行检查、检验,保证其齐全、完好、有效。扶梯、栏杆、检修门槽盖板等应完好无损,安全可靠。

5.3.6 水上作业应配齐救生设备;高空作业必须穿工作防滑靴鞋、系安全带;在可能有重物坠落的工作场所,必须戴安全帽。

5.3.7 进行电气设备安装和操作时,必须按规定穿着和使用绝缘用品、用具。

5.3.8 避雷设施及各类报警装置要定期检查维修,确保完好、可靠;输电线路要经常检查,严禁私接乱接,确保人身和设备安全。

5.3.9 采用自动监控系统的水闸应根据不同的岗位职责,对运行人员和管理人员分别规定其安全等级和操作权限。无操作权限的人员禁止对自动监控系统进行操作,无管理权限的人员禁止在系统计算机上安装或使用任何软件。

5.4 事故处理

5.4.1 发生事故后,迅速采取有效措施,组织抢救,防止事故扩大,并及时向上级主管部门如实汇报,发生重大设备或伤亡事故,应立即报告上级主管部门,主管部门在24 h以内应向省水利厅报告。

5.4.2 发生重大事故的现场应加强保护,任何人不得擅自移动或取走现场物件。因抢救人员、国家财产和防止事故扩大而移动现场部分物件,应作出标志。清理事故现场时,要经事故调查组同意方可进行。对可能涉及追究事故责任人刑事责任的事故,清理现场还应征得有关司法部门的同意。

5.4.3 认真做好事故调查、分析、处理工作,并作出事故报告,内容包括:发生事故的单位、时间、地点、伤亡情况及事故原因分析等。

5.4.4 发生责任事故后,按照"事故原因未查明不放过、责任人未处理不放过、整改措施未落实不放过、有关人员未受到教育不放过"的原则,认真调查处理并吸取教训,防止类似事故重复发生。

5.4.5 事故发生后,对隐瞒不报、谎报、拖延报告,或者以任何方式阻碍、干涉事故调查,以及拒绝提供有关情况和资料的,按照有关规定,应给予责任人行政处分,情节严重的,追究刑事责任。

5.4.6 对及时发现重大隐患,积极排除故障和险情,保卫国家和人民生命财产安全,避免事故发生和扩大作出贡献的,应给予表彰和奖励;对不遵守岗位责任制、违反操作规程及有关安全制度所发生的各种人为责任事故,应给予责任人批评教育和处罚。

6 其他工作

6.1 考核管理

6.1.1 要加强工程管理的考核工作。应按照本细则及管理局制定的《工程管理考核办法》进行考核,考核分为日常考核、定期考核、年终考核。成立内部考核管理小组,专门负责考核工作。考核内容主要包括本细则所涉及检查观测、养护修理等。

6.1.2 建立考核激励机制,并建立完善的考核档案。将考核成绩及个人的平时考核和年终考核挂钩。

6.2 档案管理

6.2.1 建立健全档案管理制度,并要由熟悉或了解工程管理并掌握档案管理知识的专职或兼职人员管理档案,档案设施齐全、清洁、完好。

6.2.2 档案管理应取得地方档案主管部门的认定,并按照有关规定要求建立完整的档案,及时整理归档各类资料,内容应包括:

1 国家有关的方针政策、上级批示和有关的协议等;

2　工程建设、加固的规划、设计、施工及验收等技术文件；

3　水闸管理有关的标准；

4　控制运用、检查观测、养护修理及科学研究等方面的文件、资料及成果等。

6.2.3　档案包括以文字、图表等纸质件及音像、电子文档等磁介质、光介质等形式存在的各类资料。各单位应逐步实行档案的数字化及计算机管理。

6.2.4　各类工程和设备均应建档立卡，技术档案、图表资料等应规范齐全，分类清楚、存放有序，按时归档。

6.2.5　严格执行保管、借阅制度，做到收、借有手续，定期归还。外单位需借用资料，应经单位负责人同意后方可借出，并按规定时间催还。

6.2.6　保管人员工作变动时，应按规定办理移交手续。

6.3　科学技术研究与职工教育

6.3.1　结合工作需要，组织全体职工开展科学研究和技术革新，探索水闸管理运用规律，改善劳动条件，提高劳动生产率和管理水平。

6.3.2　积极采用具有先进水平的新仪器、新设备、新材料、新工艺，提高检查观测精度和效率以及养护修理质量。

6.3.3　根据工程运用需要和可能，研究采用计算机技术、网络技术、自动监控和远程监控等现代化管理技术。

6.3.4　定期组织职工进行时事政治学习和普法教育，对职工进行国内外形势教育和党的路线、方针、政策教育。

6.3.5　应建立职工培训制度，按计划组织职工进行持证上岗等业务培训，鼓励职工自学成才，做到一业为主、一专多能，不断提高职工的文化素质和管理水平。

6.4　工程环境保护

6.4.1　做好工程管理范围内防护林木(草)的建设和水土保持工作。宜林荒地应积极进行绿化，充分开发利用水土资源。

6.4.2　依法制止破坏水环境的违法行为，在开展多种经营活动中应避免污染水源和破坏生态环境。在养护修理过程中产生的废油、废渣，应进行妥善处理，不得污染工程和水体。

6.4.3　水闸上下游河道水质被污染时，应掌握水质污染动态情况，积极向有关部门反映；同时，在水源允许时应尽量调节河道径流，减轻下游水污染。如水质污染严重，向下游排放将造成污染危害扩大的，应及时向上级主管部门报告。

6.4.4　及时清理闸门、混凝土及砌石结构等表面的油污、杂草、藤条和污泥等。泄水期间，应及时清除上下游漂浮物，防止阻水。

6.4.5　定期对工程标牌(包括界桩、界牌、安全警示牌、宣传牌等)进行检查维修，确保标牌完好、醒目、美观。

6.4.6　工程主要部位的警示灯、照明灯、装饰灯应保持完好，主要道路两侧的输电线路、电话线路及其他信号线，应排放整齐或埋入地下。

6.4.7　办公区、生活区及工程管理范围内应整洁、卫生、美化。控制室、启闭机房内地面、墙面应清洁、明亮、美观，并具有良好的通风装置。

附录 A：

闸门开/关操作命令单

<table>
<tr><td>事由</td><td colspan="3"></td></tr>
<tr><td>操作任务</td><td colspan="3">调节第________孔闸门</td></tr>
<tr><td>操作形式</td><td colspan="3">远程控制 □　　　现地控制 □</td></tr>
<tr><td>开/关闸门检查情况</td><td colspan="3">1. 检查闸门控制柜控制方式。　远程□现地□
2. 手工锁定系统是否已取消，检查锁定信号是否正常。　是□　否□
3. 检查闸门动力柜变频器是否带电，动力电是否正常。　是□　否□
4. 控制设备是否正常。　是□　否□
5. 上下游河道内是否有船只和人员，是否已发布预警。　是□　否□
6. 与开/关闸门有关的其他情况是否正常。　是□　否□
7. 监护人员是否已经到位。　是□　否□</td></tr>
<tr><td rowspan="2">执行情况</td><td>发令人：</td><td>受令人：</td><td></td></tr>
<tr><td>总检查人：</td><td>监护人：</td><td>操作人：</td></tr>
<tr><td colspan="4">开始时间：　年　月　日　时　分　　完成时间：　年　月　日　时　分</td></tr>
</table>

说明：1. 开/关闸门检查情况一览表由总检查人填写。

附录 B：

水闸经常检查记录表

检查负责人：　　　　　　　　　　检查人员：　　　　　　　　　检查日期：

序号	检查项目	检查内容	检查情况	处理意见
1	水 位	闸前水位		
		闸后水位		
2	流量	过闸流量		
3	管理环境	管理范围内有无违章建筑		
		管理范围内有无危害工程安全的活动		
		管理范围内有无垃圾及废弃杂物等		
		绿化修剪是否整齐，苗木有无死亡现象		
		环境是否整洁、美观		
4	混凝土建筑物	闸墩、排架等混凝土构筑物有无裂缝、腐蚀、磨损、剥蚀、露筋、钢筋锈蚀		
		岸墙、翼墙有无倾斜、滑动		
		翼墙排水设施是否完好		
		伸缩缝止水有无损坏、漏水及填充物流失等情况		
5	观测设施	水平位移和垂直位移标点、测压管、断面桩等外露观测设施是否完好		
		标志是否齐全、醒目		
		自动监测系统是否运行正常		
8	闸门	闸门有无砂石、杂草、树枝等污物		
		门体有无变形、锈蚀、焊缝开裂或螺栓、铆钉松动		
		钢闸门有无表层损坏		
		止水有无卷曲、脱落、凹陷、撕裂等破损		
		支撑行走机构是否运转灵活		

续表

序号	检查项目		检查内容	检查情况	处理意见
9	启闭机		是否运转灵活、制动准确可靠		
			机体表面是否清洁，无尘、无垢、无锈		
			压力表、变速器、传感器是否工作正常		
			钢丝绳有无断丝、磨损、锈蚀、接头不牢、变形		
			油位是否正常，油路是否通畅，油量、油质是否符合规定要求		
			电磁阀动作是否可靠		
			油路配管防锈漆是否完好		
			有无渗油现象		
			零件、部件有无缺损、裂纹、磨损及螺杆有无弯曲变形		
10	机电设备及防雷设施	供电系统	供电线路是否正常		
			仪表、指示灯是否完好、显示正常		
			高压柜、低压柜柜体内外及元器件是否清洁、干燥		
			有无异常气味和声响		
		柴油机机组	油位是否满足规定要求		
			供油管路是否畅通，有无渗漏现象		
			设备表面是否清洁		
			线路是否畅通，螺栓是否紧固		
			机组是否能够正常运转		
		防雷设施	避雷带是否锈蚀，接地是否符合规定		
			高压避雷器表面是否有损坏、放电迹象		
11	监控系统	计算机监控系统	监控主机与其配套附件是否正常运行，通信是否畅通		
			遥控系统运行是否正常		
			水位、闸位、温度等遥测显示是否正常		
			系统有无报警信息		
		视频监控系统	光端机、交换机、光纤、网线是否完好		
			主机运行是否正常		
			图像显示是否清晰，有无干扰、抖动等异常现象		
			是否能实现矩阵切换、旋转、变焦、变倍等功能		
			室外摄像机表面是否清洁		

续表

序号	检查项目	检查内容	检查情况	处理意见
12	水流形态	水流是否平顺,有无折冲水流、回流、旋涡等不良流态		
		河道水体有无污物		
13	其他	启闭机房有无破损		
		警告警示标志是否齐全、完好、整洁		
		桩界是否齐全、完好、整洁		
本次检查发现的主要问题及详细说明:				

实例二　浑河闸高压喷射灌浆防渗加固处理

(一)工程概况

浑河闸位于浑河中下游,于1959年9月竣工,是大伙房水库下游大型灌溉枢纽工程。担负着浑沙与浑蒲两灌区水田灌溉任务,年灌溉面积85万亩(1亩=1/15 hm^2),取得了巨大的经济效益。

本枢纽工程包括拦河闸、冲砂闸及浑沙、浑蒲两灌区的进水闸,闸体总宽度约260 m,闸基岩性为粒质粗砂,厚30~40 m。

浑河闸运行40多年,1987年及1991年勘探资料表明,闸底板以下6 m以内土层受渗流影响较大,砂层已受河水污染成黑色,局部砂基粗化,部分地段土层承载力有所下降。闸基础质量存在一定的问题。

1995年,浑河闸经历了历史上特大洪水,上下游河床槽受到严重冲刷,其中下游河道冲刷下切达4.5 m。拦河闸基础渗漏加大,闸基粒质粗砂层粗化加重,拦河闸现有的防渗措施已不能满足运行要求。

(二)防渗加固方案

1988年、1994年浑河闸曾两次利用高压喷射灌浆技术,对有涌砂现象的严重渗漏段,即右岸冲砂闸及浑沙进水闸基础进行防渗加固处理,通过运行考验,表明处理效果理想。故决定在前两次处理的基础上,对剩余闸基仍采用高压喷射灌浆技术,进行防渗加固处理。

为增加帷幕体厚度,高喷采用摆喷形式,即邻孔间用180°双侧喷嘴对接摆喷,摆角为30°。形成帷幕体最大厚度可达30 cm左右。

1. 灌浆孔布置

灌浆部位为左侧冲砂闸(3孔)、拦河闸(16孔)及浑蒲进水闸(5孔)。总长度约260 m。

冲砂闸、拦河闸灌浆孔布置在闸室墩间底板上,距闸前混凝土铺盖板沉陷缝1.6 m,每个闸室布置7个灌浆孔,间距1.5 m。两端灌浆孔距墩边0.5。冲砂闸1号闸室除布置7个灌浆孔外,沿左侧导流边墙布置5孔,孔间距1.5 m,孔与边墙距离为0.5 m。进水闸灌浆孔布置在闸室底板前缘,距进水闸闸墩墩尖0.4 m,五个闸室共布置18个灌浆孔,两端灌浆孔距边墩0.5 m。此外,在边墙布置两个注水试验围井孔,与边墙防渗帷幕形成正三角形试验围井,注水孔位于试验围井中心。

孔深,拦河闸、冲砂闸为13 m,进水闸为14 m。

2. 主要工艺参数

浑河闸高压喷射灌浆工艺参数是结合前两次灌浆加固实践并通过现场试验确定,主要工艺参数见表5-2。

表 5-2　工艺参数一览表

喷射参数			运动参数	
水	P(MPa)	28 ~ 30	升速(cm/min)	11 ~ 13
	Q(L/min)	75		
气	P(MPa)	0.4 ~ 0.5	摆角(°)	30
	Q(m^3/min)	1.0 ~ 1.2		
浆	P(MPa)	0.3 ~ 0.5		
	Q(L/min)	65		

(三)施工方法

灌浆施工分钻孔、喷射灌浆两道主工序，辅助工序有浆材制备、灌后补浆、封孔等。

1. 钻孔

钻孔作业采用三台液压钻机。为使钻孔与喷射作业协调，降低砂砾石地层的塌孔率，钻孔分两步进行。第一步钻透钢筋混凝土底板。在帷幕线位置上，钢筋混凝土底板厚度分别为：冲砂闸铺盖厚 0.5 ~ 0.7 m，冲砂闸及拦河闸底板厚 2.0 m，进水闸底板厚 2.8 m。钻机钻钢筋混凝土采用 ϕ108 mm 合金钻头，回转钻进。第二步钻地基砂砾石层，用黏土浆固壁。每个钻孔均超过设计深度 1.0 m 左右，以保证灌浆管喷头下至设计深度。

2. 喷射灌浆

灌浆装置由高喷台车、高压水泵、泥浆泵、空压机等动力设备组成。辅助设备包括浆材制备系统，管路系统及中央控制系统。本次灌浆采用 SGP30 – 5 型液压控制、无级变速高喷台车，喷射灌浆底高程为 19.8 m，比设计高程低 0.2 m，喷射段长为 10.5 m。

喷射灌浆工序流程为：迁移高喷台车至已钻完钻孔上就位，经定向、下管、试喷、提升、补浆等工序完成该孔喷射灌浆，然后将台车迁移至另一待喷孔位上。为避免喷射时造成邻孔塌孔，灌浆时一般采用隔孔喷射灌浆，并在各孔喷射灌浆完毕，经过一段时间浆液下沉后，进行孔口补浆，直到填满为止。

为了使喷射灌浆形成的帷幕体与上覆混凝土闸底板搭接可靠，灌浆施工中采用复喷工艺，即在闸底板与砂砾石层接触面上、下各 0.4 m 重复喷射灌浆一次，复喷段长 0.8 m。

3. 浆液制备

制浆设备包括泥浆搅拌机 1 台，用于制备黏土浆；灰浆搅拌机 1 台，用于拌和水泥浆；泥浆泵 2 台，用于输送黏土浆和水泥浆。浆液制备工艺如下。

(1)黏土浆。黏土和水混合搅拌，并经过滤网除去黏土内夹带砂石后形成黏土浆，输送至泥浆泵，供钻孔护壁使用。黏土为当地优质黏土，确保钻机成孔后 24 ~ 48 h 不塌孔。

(2)水泥浆。施工采用纯水泥浆作为灌浆材料。水泥采用抚顺水泥股份有限公司生产的浑河牌 42.5 普通硅酸盐水泥，水泥和水按配比为 1∶0.8 加入搅拌筒中搅拌，静止后，测量浆液比重，达到设计要求后(1.55 ~ 1.60)，用泥浆泵输送到灌浆管中进行喷射灌浆。

4. 封孔

各孔经过补灌后，浆液面稳定、不再下沉时进行混凝土底板封孔。封孔时，掏出孔上部0.8～1.2 m内多余浆液，清洗孔壁，填入混凝土捣实抹平。封孔混凝土由水泥、骨料和水玻璃溶液按一定配比混合形成。设计初凝时间为2 h，终凝时间为18 h。

5. 质量缺陷及地层漏浆处理

(1) 废孔处理。施工期间，钻机在钻12号及55号孔过程中，钻具掉入孔中，未能取出，深度分别为9.8 m(12号)及8.4 m(55号)。因未达到设计深度，又无法继续钻进，所以视该孔为废孔。采取的处理措施为：在原钻孔(12号及55号)正上游侧，距原钻孔0.3 m处重新钻孔，钻到设计深度后，采用120°摇摆喷灌浆，形成与邻孔交接在一起的防渗帷幕。12号孔交接形式如图5-1所示(55号孔同)。

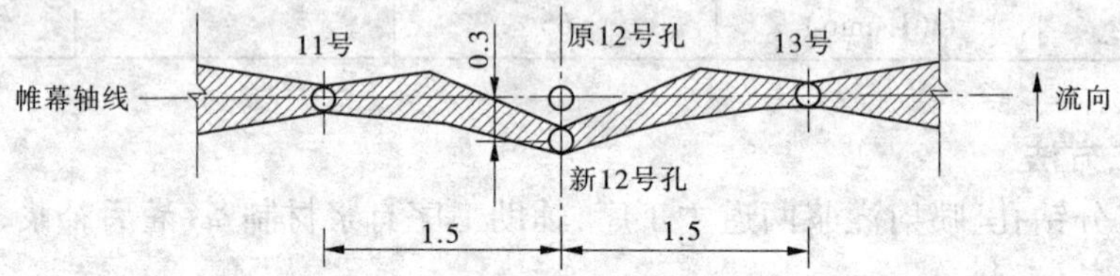

图5-1　12号孔帷幕交接示意图　(单位:m)

(2) 漏浆处理。喷射灌浆施工中，50号孔在灌浆管升至距地面5.5 m时，孔口不返浆，即发生地层漏浆。漏浆原因可能为该层位砂层粗化较重，造成吃浆量大。采用处理方法为在该处停止提升喷浆管，进行原位喷射灌浆，直至孔口返浆(2～3 min)后，再继续提升灌浆管。该孔喷射灌浆结束后，又反复进行孔口补浆，直至浆液面不下沉方进行封孔。施工期间其他少量灌浆孔也发生了类似的在不同层位的短暂漏浆现象，均及时采取上述措施进行了处理。

(四) 质量检测

根据设计要求，施工开始后，先进行注水试验围井构筑。待达到28 d龄期后进行注水试验。测定防渗帷幕的渗透系数。注水围井平面呈三角形，一边为灌浆施工形成的帷幕，其余两边为附加孔(围2孔、围3孔)在同等喷射参数条件下形成的帷幕，顶部及底部分别用旋喷灌浆封闭。其结构如图5-2所示。

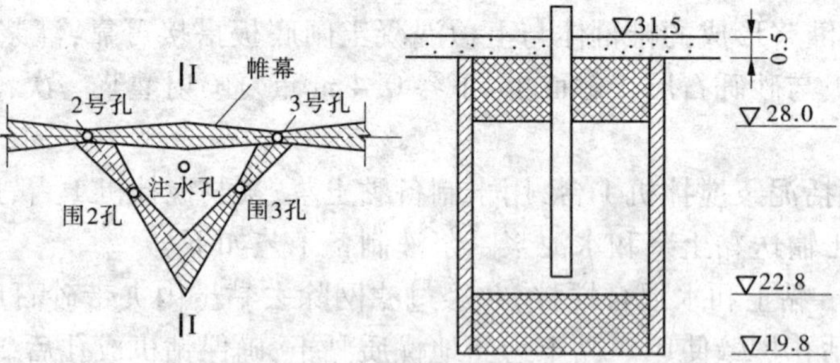

图5-2　注水试验围井结构示意图　(单位:m)

注水试验严格按部颁抽(注)水试验规程进行。经现场进行注水试验，围井防渗帷幕渗透数系数为1.07×10^{-7}cm/s。满足闸基础设计防渗要求。注水试验成果见表5-3。

表 5-3　注水试验成果

名称	单位	数值	说明
水头 H	m	6.6	$K=Q/Fit$
渗径长 L	cm	0.3	
注水时间 t	s	600	$i=H/L$
注水量 Q	cm^3	270	
面积 F	m^2	19.032	
渗透系数	cm/s	1.07×10^{-7}	

(五)结语

浑河闸闸基高压喷射灌浆加固工程,从 1999 年 9 月 15 日开始,至 12 月 1 日结束,历时 2.5 个月。在左侧冲砂闸、拦河闸及右侧进水闸构筑防渗帷幕总长 262 m,形成帷幕面积 2 570 m^2,共耗用水泥 740 t,黏土 680 m^3。处理后,经过 2 年运行观测,闸基渗透稳定,闸后混凝土护坦排水孔排水正常,无涌砂现象发生,取得了较好的防渗效果,达到了预期的加固目的。

六、项目报告、考核评价

项目报告和考核评价要求见项目二。

思考题

1. 水闸、溢洪道的运行工作特点有哪些?
2. 水闸、溢洪道检查养护的内容有哪些?
3. 如何操作运用多孔闸门?应遵守哪些规定?
4. 闸门、启闭机养护修理的内容有哪些?
5. 通过本项目训练,你有哪些收获?

项目六　水闸自动启闭系统操作训练

一、训练目的

教师组织学生到典型的水闸或水利工程仿真模拟实训中心，如三河闸、三家店闸、蚌埠闸、杜家台闸、南四湖湖东大堤水闸、日照水库溢洪闸等，进行水闸自动启闭系统操作训练，从而掌握自动启闭水闸的技能。

二、能力目标

(1)能根据闸门自动启闭系统的工作原理分析常见技术问题。

(2)能按照闸门、启闭机操作运用的程序和制度，操作闸门自动启闭系统。

三、训练内容

(一)基于PLC的闸门自动启闭系统

1. 基于PLC的闸门自动启闭系统的工作原理

基于PLC(Programmable Logic Controller，可编程逻辑控制器)的闸门自动启闭系统主要由闸门、启闭机、现场监控设备、数据采集设备、数据传输设备及远程控制室监控设备等组成，为闸门、启闭机提供现地及远程控制，同时监视闸门的工作状态及相关参数。

该系统采用总线控制模式，实现闸门的远程集中控制。系统最高层位为计算机监控层，它包括计算机、交换机，通过光纤网实现各设备之间的通信。控制层由PLC来完成，它负责闸门开度、上游水位、设备参数等数据的实时采集，按照相关指令，输出闸门的上下动作，将采集的数据传输给监控计算机。

2. 基于PLC的闸门自动启闭系统的结构及主要设施仪器

该系统硬件主要由计算机、光纤通信设备、网络交换机、PLC、闸门开度仪、闸位计、水位计、启闭机电气控制元件等组成，其中PLC为主要的自动化控制元件，起到控制中枢的作用。该系统主要设施仪器的技术性能如下。

(1)闸门开度仪(ZKY-3)。能与光电或接触式绝对编码器相配合组成闸门开度测控装置。具有测量值和设定值数码显示；输入输出电路采用光电隔离技术；五个继电器动作(上限、下限、设定、控1、控2五个预置点)；RS485串行接口。

(2)闸位计(ZKC-3)。采用光电式或接触式绝对编码器；输出信号有并行格雷码、串行RS485、4~20 mA标准模拟量以及SSI同步串行信号等多种方式选择；选配的编码器为光电系列GD-65536/64；响应频率：0~100 kHz；工作电压：DC 5~30 V。

(3)PLC(S7-200 CPU226 DC/DC/DC)。24个数字量输入点，16个数字量输出点，

直流 24 V 供电,直流输入、直流输出,加 EM231 4 路模拟量输入模块 1 块。

(4)触摸屏(TK6070iH)。24 V 供电,多种通信接口,与常见 PLC 连接。

(二)基于 PLC 的闸门自动启闭系统的控制运行

该系统控制分为现地控制和远程控制。现地控制由 PLC 对采集的数据进行逻辑判断,完成对闸门的开启、关闭、停止等各项控制。远程控制设备安装在远程控制室,主要由计算机完成对闸门控制参数设置及远程操作控制、画面显示等。

(1)现场地控室。

现场地控室距离闸门现场比较近,主要由控制柜、工控机、GPRS IP MODEM、不间断电源、分控软件,以及转换模块组成。工控机作为下位机功能基本与上位机相同,但操作级别比上位机低。下位机也有工控机主要是为增强系统的可靠性,即使上位机出现了故障,也不致影响对闸门的操作。

(2)现场控制屏。

现场控制屏相当于闸门操作按钮。它直接对闸门的上升、下降、停止进行控制,也是闸门开度的采集部分,负责将闸门开度值传到下位机中。将开度仪传来的模拟信号转变成 RS485 信号传到下位机中,完成开度的采集传输工作。

(3)闸门开度仪。

闸门开度仪可采用弹拉式开度仪,它是将测量柔丝的线位移转换成码盘的角位移,以达到用编码器来测量线位移的目的。同时将闸门的开度转换成模拟信号传到现场控制屏里,完成测量工作。

(4)中心控制室。

中心控制室是整个系统的调度中心,主要由工控机和上位机软件等构成。计算机设计有标准软硬件接口,可以与水情自动遥测、大坝自动观测等系统共同组成水库运行调度系统。工控机作为上位机对闸门进行远程控制,以及对实时采集来的闸门开度、水库水位进行数据处理入库等操作。通过水库水位(H_1)、闸门开度(H_2)和实际 H_1、$H_2 \sim Q$、$H \sim M$、$H \sim V$ 曲线,计算机自动对比计算出放水流量、水库库容、库面面积等。可以随时观察水库水位和蓄水量等参数的变化情况。为了系统工作安全,对闸门的操作有严格的使用权限,设有软硬件隔离,操作指令保护措施。闸门开度、操作时间、操作者姓名及时入库保存,只有高级管理员才可以修改。这样可以保证闸门操作的安全。

基于 PLC 的闸门自动启闭系统的具体操作见参考实例一有关内容。

四、教学方法与手段

该项目采用任务驱动,项目导向,“教、学、练、做”一体化的教学方法。教学手段是校企合作、工学结合、项目教学,由校内教师与水库管理技术人员共同指导训练、评价训练成果。

五、参考实例

实例一　雨城电站水电站大坝泄洪/冲沙闸门液压启闭机控制系统操作

(一)概述

本操作说明适用于雨城电站水电站大坝泄洪/冲沙闸门液压启闭机控制系统,进行闸门启闭操作前,先合上主电源及控制电源,并检查电源是否正常。检查 PLC 和人机界面工作是否正常。

油泵控制方式分为“手动”“自动”两种,闸门控制方式分为“手动”“自动”“远方”三种。通过控制面板上的转换开关进行切换。

(二)手动控制

把油泵控制和闸门控制的切换开关转到“手动”位置,手动控制是完全通过继电器控制的(PLC 不参与控制)。可以在检修和调试时使用。

1#、2#两台油泵,“单台运行,互为备用”,任何时候只能有一台油泵运行。

油泵启动:按下油泵的“启动”按钮,启动油泵,延时 10 s 后可以对闸门进行操作。

油泵停止:闸门停止动作后,延时 10 s,按下油泵的“停止”按钮,停止油泵。

闸门开启:油泵正常启动后,按下面板上的闸门 “开启”按钮,电磁阀得电动作,闸门开启。任何时候按下停止按钮,电磁阀自动失电,闸门停止。

闸门关闭:油泵正常启动后,按下面板上的闸门 “关闭”按钮,电磁阀得电动作,闸门关闭。任何时候按下停止按钮,电磁阀自动失电,闸门停止。

闸门停止:在闸门开启和关闭的过程中,任何时候按下“停止”按钮,闸门就会停在原地。

(三)自动控制

把油泵控制和闸门控制的切换开关转到“自动”位置,自动控制是通过 PLC 来控制的。

闸门开启:首先在“预设开度”设定需要的开度,按下面板上的闸门 “开启”按钮,PLC 启动油泵,延时 10 s 后,接通建压和启门电磁阀,闸门开启。PLC 同时监控系统压力、有杆腔压力、无杆腔压力、油温、油位等信号,闸门启到预设开度或按下停止按钮,切断电磁阀,闸门停止,延时 3 s 后停止油泵。

闸门关闭:先在“预设开度”设定需要的开度,按下面板上的闸门 “关闭”按钮,PLC 启动油泵,延时 10 s 后,接通建压和启门电磁阀,闸门关闭。PLC 同时监控系统压力、有杆腔压力、无杆腔压力、油温、油位等信号,闸门到达预设开度或按下停止按钮,切断电磁阀,闸门停止,延时 3 s 后停止油泵。

闸门停止:在闸门开启和关闭的过程中,任何时候按下“停止”按钮,闸门启闭就会停止。

油泵切换:油泵每启动一次,就自动轮换一次,一台有故障或没有在“自动”位置,另一台就自动补上,成为工作泵。

复归:复归按钮用来清除 PLC 内的故障报警信息。系统会保持故障信号,以便对故障进行检查。

点动复归按钮对故障信息复归,长按 10 s 对运行的统计数据复归。当 PLC 发出故障报警时,系统停机。排除故障后,按“复归”按钮,系统才能重新启动。

(四)自动回升

闸门在自动控制,开启或下降到预设值后,自动回升功能已经自动启动。

自动回升功能启动后,由于泄漏或其他原因造成的闸门下滑,当下滑量达到下滑提升值后,闸门会自动启泵并提升到全开位置。当下滑量过大时,将停止提升,并报警。

(五)远方控制

该系统预留了远方控制接口,把油泵切换开关转到“自动”位置,闸门切换开关转到“远方”位置,闸门就能通过远方集控/LCU 两种方式来控制,现地就不能对闸门进行操作。

远方控制方式时,通过集控/LCU 以硬接点的方式向 PLC 发开启、关闭、停止指令,再由 PLC 来完成相应的操作。远方控制时现地不能对闸门进行操作。

远方控制时,集控/LCU 发出“提升”指令,系统自动启泵,延时提升闸门,直到集控/LCU 发出“停止”指令,闸门停止。如果集控/LCU 没有发出“停止”指令,闸门将启动到全开位置才停止。

远方控制时,集控/LCU 发出“下降”指令,系统自动启泵,延时下降闸门,直到集控/LCU 发出“停止”指令,闸门停止。如果集控/LCU 没有发出“停止”指令,闸门将启动到全关位置才停止。

(六)指示灯

控制电源:合上控制电源,任何一路电源正常时,指示灯亮,两路同时失电后,指示灯灭。

PLC 运行:PLC 正常运行时指示灯亮,故障时指示灯灭。

闸门开启:当闸门正在提开操作时指示灯亮。

闸门关闭:当闸门正在关闭操作时指示灯亮。

闸门全开:当闸门到全开及以上位置时指示灯亮,其他位置指示灯灭。

闸门全关:当闸门到全关及以下位置时指示灯亮,其他位置指示灯灭。

综合故障:PLC 检测到系统有故障时(具体故障内容可在人机界面中查询),指示灯亮。

1#油泵运行:当 1#油泵运行时,指示灯亮。

1#油泵故障:当 1#油泵故障时(具体故障内容可在人机界面中查询),指示灯亮。

2#油泵运行:当 2#油泵运行时,指示灯亮。

2#油泵故障:当 2#油泵故障时(具体故障内容可在人机界面中查询),指示灯亮。

(七)人机界面

人机界面用来显示运行状态和数据,也可以进行参数设置和故障查询。人机界面是触摸式液晶屏,可直接在液晶屏上进行操作。操作时请轻轻触摸,勿用大力,不用尖锐物,以免损坏。

主页:人机界面上电后自动进入主画面,主画面上有:系统压力、闸门状态、闸门开度等重要信息(见图 6-1)。自动回升等功能开启时有相应提示。

开度设置:只有现地自动控制时,必须先设定预期的闸门开度。闸门预置开度只能在闸门全开范围内,如果超出范围,大于全开,启门到全开停止,小于全关,PLC 置为全关。

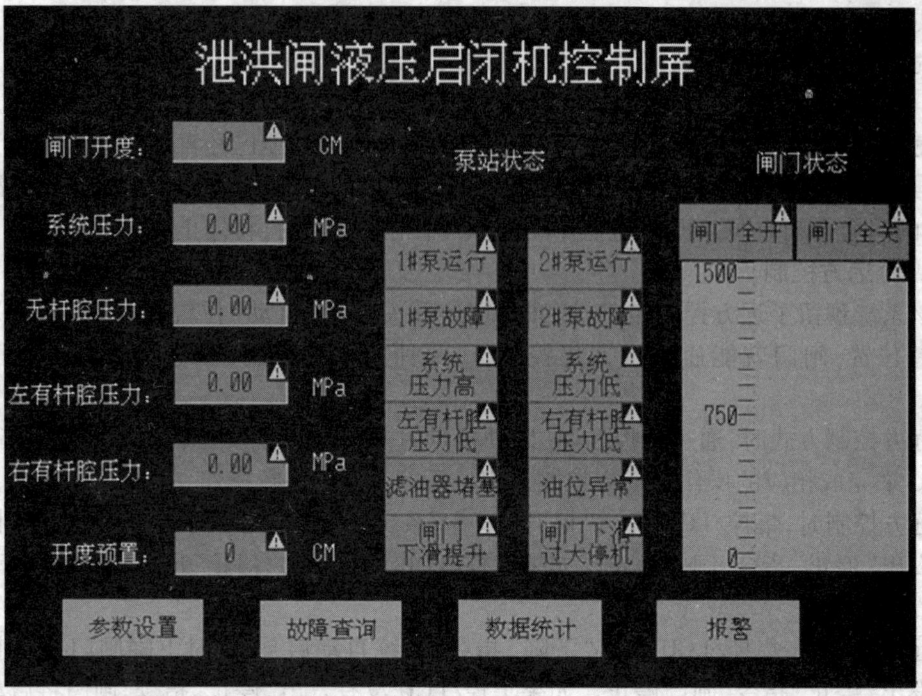

图 6-1　系统主界面

状态查询：在主画面点击“状态查询”就进入运行统计画面，统计有：1#、2#油泵的运行次数和运行时间，闸门的运行次数和时间等（见图 6-2）。

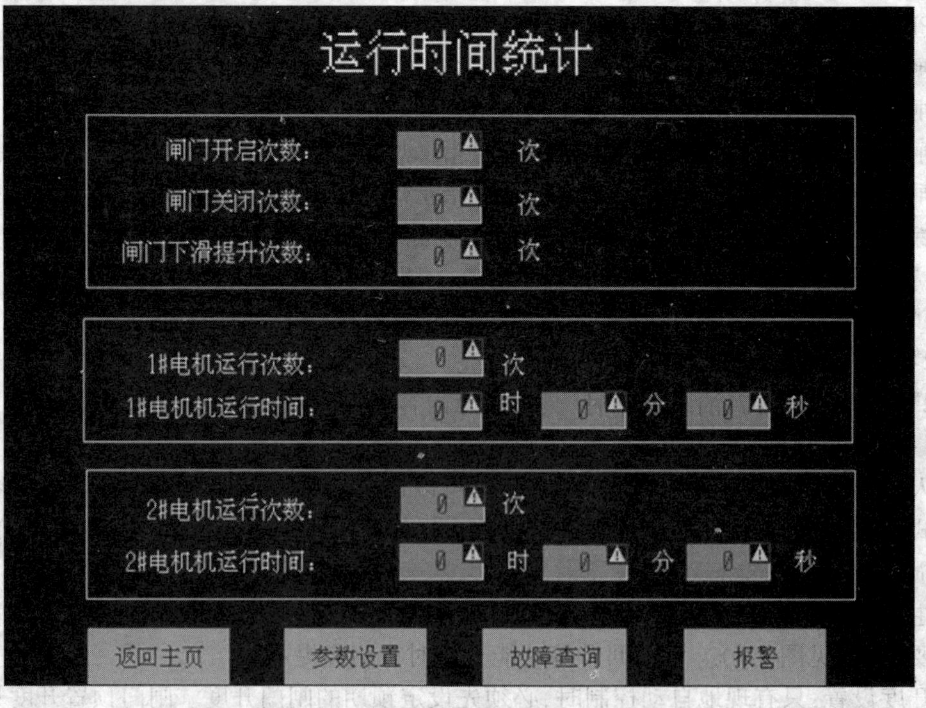

图 6-2　运行时间统计

故障查询：进入故障画面可以检查故障状态(见图6-3)。

故障原因了解清楚，可按面板上复位按钮复位报警状态。

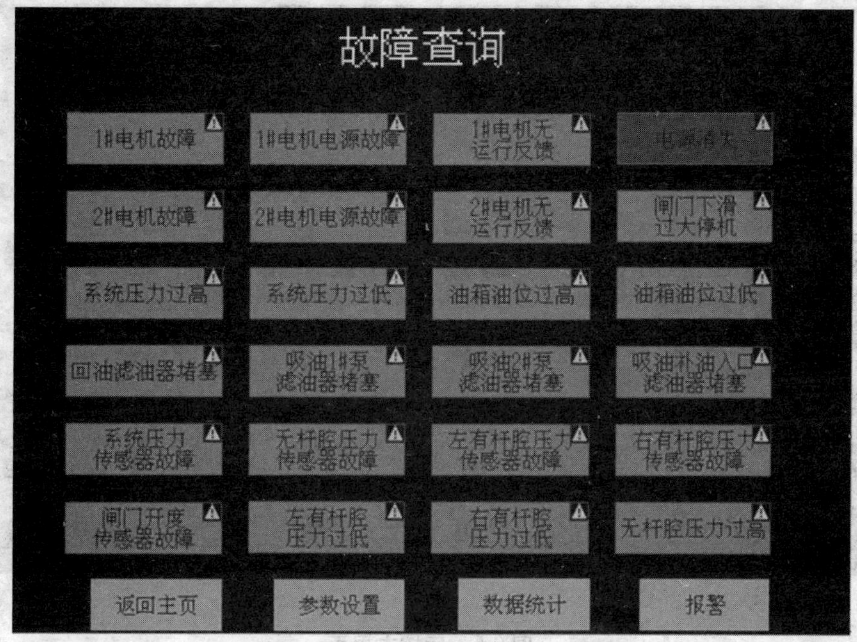

图6-3 故障查询

参数设置：参数设置有密码管理，在主画面点击“参数设置”，提示输入密码，正确输入密码后进入，可对参数进行修改(见图6-4)。

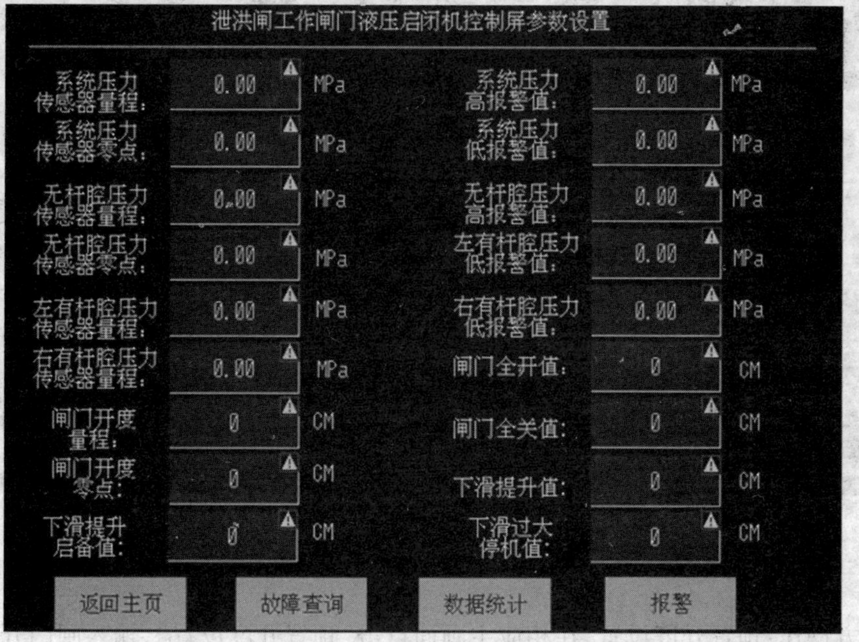

图6-4 控制屏参数设置

（八）远控界面

远控界面见图 6-5 ~ 图 6-12。

图 6-5　远控主界面

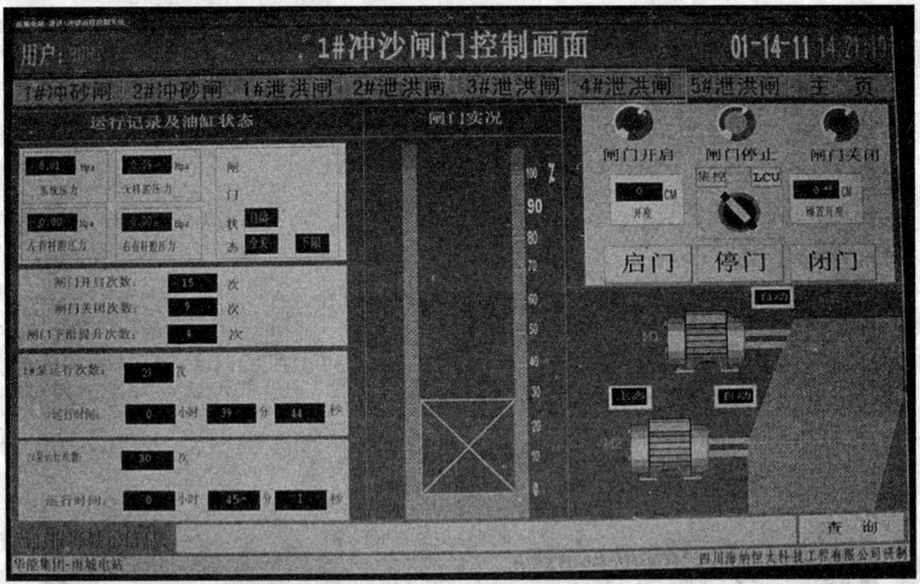

图 6-6　1#冲沙闸门控制画面

远方操作：预置开度设置，在相应主画面点击“预置开度设置”，输入闸门开启或关闭的预定位置，按“Enter”键，预置成功。

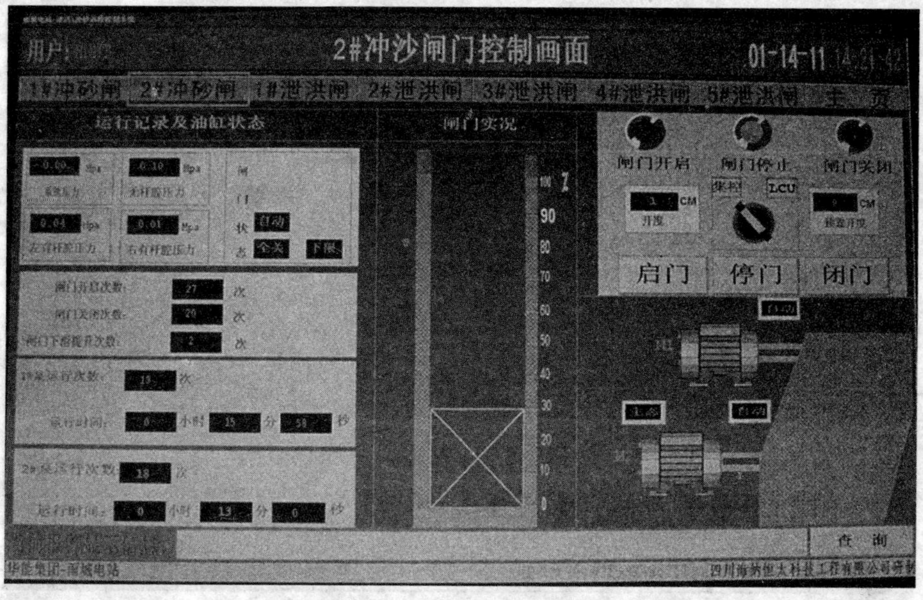

图 6-7　2#冲沙闸门控制画面

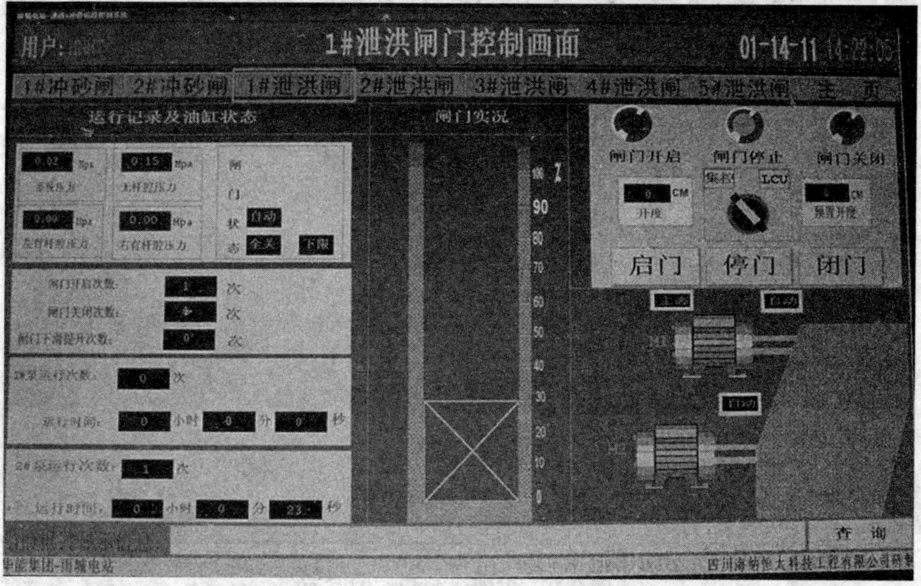

图 6-8　1#泄洪闸门控制画面

指示操作：按“启门”，油泵“主态”立即启动，颜色变为“绿色”，10 s 后闸门“开启”指示灯变为“绿色”闸门开始动作；到“预置开度”后“闸门停止”指示灯变为“绿色”。

按“闭门”，“闸门关闭”指示灯变为“绿色”，到“预置开度”后“闸门停止”指示灯变为“绿色”。

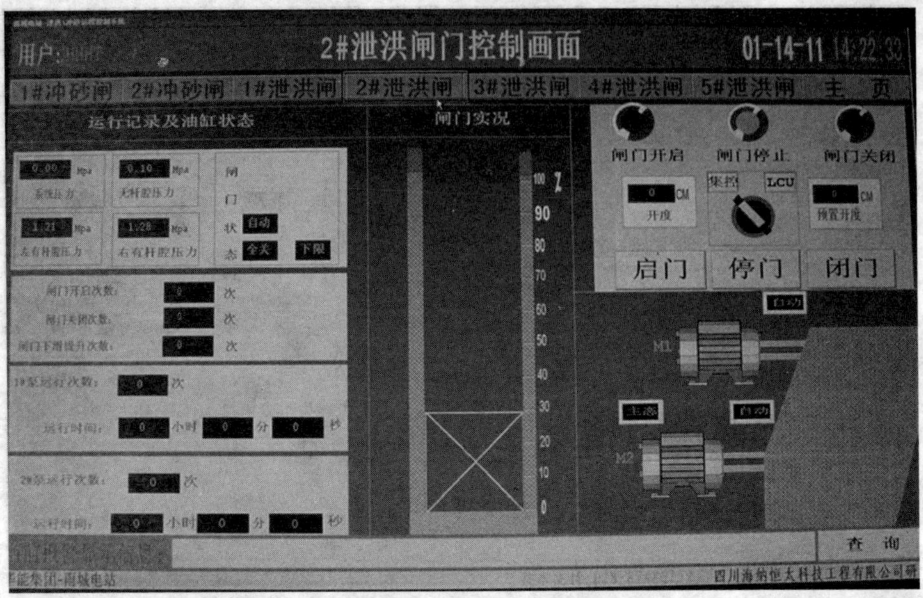

图 6-9　2[#]泄洪闸门控制画面

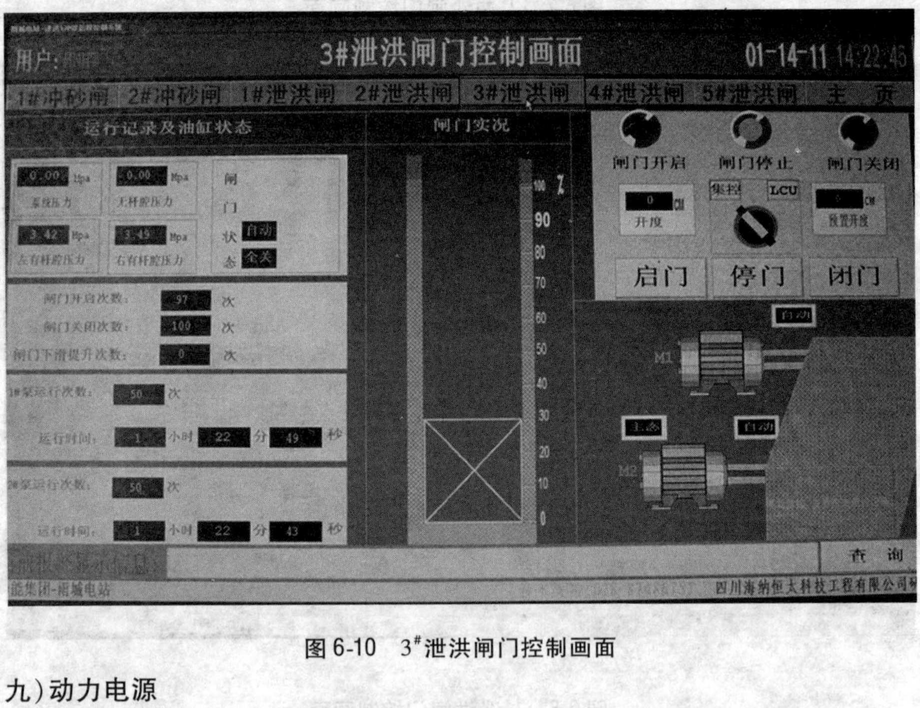

图 6-10　3[#]泄洪闸门控制画面

（九）动力电源

系统动力电源分为正常和应急两路，通过选择开关可以任意选择使用一路。如果选择自动，电源切换装置选择正常一路电源，如果正常一路电源故障，电源切换装置自动切换到应急电源。

（十）常见故障

在控制 PLC 和触摸屏都正常的情况下，系统的任何故障都能在触摸屏上查看。主要的故障信息系统会保持记忆，直到按下复位按钮复位。以下列出常见故障（见表 6-1）。

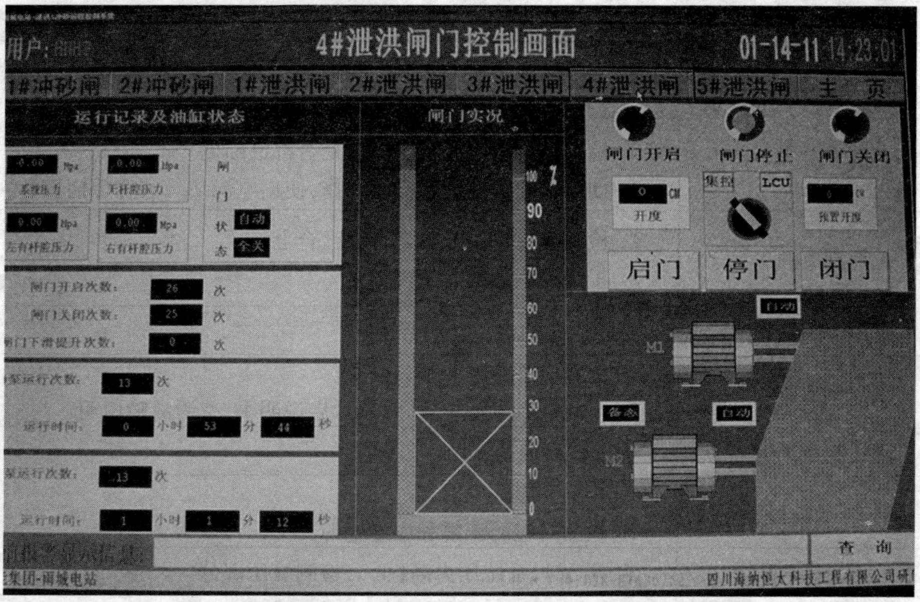

图 6-11　4#泄洪闸门控制画面

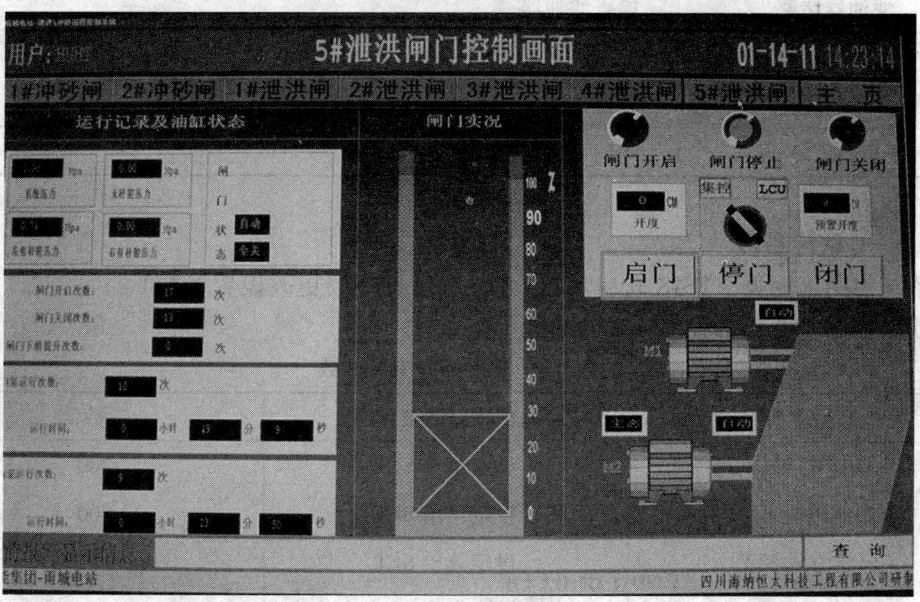

图 6-12　5#泄洪闸门控制画面

表 6-1 常见故障

故障	解决
无动力电源	1. 单独选择正常或应急。 2. 检查正常和应急两路电源是否都已断电。 3. 如果电源切换装置不能动作,使用电源切换装置手柄切换
无控制电源	1. 检测控制单元开关是否都已合上。 2. 正常和应急电源是否正常
泵电源故障	把相应泵的电源开关合上
泵电机故障	1. 把相应泵的电源开关合上。 2. 对应软启显示故障,对照软启说明书,查看故障说明
无运行反馈	检查软启控制接线
DC 24 V 故障	1. 合上相应开关。 2. 检测对应的正常和应急电源
系统压力高(低)	启闭门时,系统压力高(低),检测液压部分
左(右)有杆腔压力低	启闭门时,左(右)有杆腔压力低,检测液压部分
油位高(低)	检测油位
滤油器堵塞	检查滤油器
行程传感器故障	检测传感器是否短路或断线
压力(温度)传感器故障	检测传感器是否短路或断线
下滑过大停机	闸门下滑量过大

(十一)软启参数

系统使用施耐德 ATS48 软启动器。(一般情况不要更改设置参数)

软启控制主要参数见表 6-2。

表 6-2 软启控制主要参数

参数名称	在软启的菜单	参数值
额定电流 IN	设定菜单 SET	200
限制电流 ILT	设定菜单 SET	400
停机方式 STY	设定菜单 SET	F
电机热保护 THP	保护菜单 PRO	10
电流过载激活 OIL	保护菜单 PRO	ALA
电流过载阈值 LOC	保护菜单 PRO	105
电流过载时间 TOL	保护菜单 PRO	10
继电器 R1	I/O 菜单 IO	RIF
继电器 R3	I/O 菜单 IO	RNL

案例二 山东省日照水库溢洪闸管理制度

山东省日照水库溢洪闸启闭操作系统由闸门启闭系统和自动化控制系统组成。闸门启闭系统包括弧形闸门、检修闸门和电动行车;自动化控制系统包括液压启闭机电气控制系统和计算机监视系统两部分。为加强溢洪闸工程设施的安全管理,确保水库溢洪闸工程安全运行,特制定本制度。

(1)闸门启闭必须经水库管理局领导批准,非工作人员不得任意启闭。操作人员必须树立高度的政治责任感和工作责任心,严格执行上级批准的洪水调度原则和闸门启闭方案,并及时做好详细规范的闸门启闭记录。

(2)闸门操作人员必须定期进行相应的岗位培训和学习,应该执证上岗。操作人员要经常学习机械、电气设备的基础理论知识,学习安全操作规程,做一名有理论知识和实践经验的操作人员。

(3)闸门启闭前应检查油泵油位是否在正常位置,动力是否正常;检查上游是否有船只或其他漂浮物,溢洪道和下游是否有人或其他牲畜。泄洪时,应事先通知沿河地区做好准备,确保安全泄洪。

(4)闸门和闸门槽以及门槛等均应密合,以防漏水。闭闸时应注意消除闸底上的碎石等障碍物,以免关闸不严或损伤止水设备。

(5)合上电源后,检查控制柜指示灯有无故障显示,无异常情况后按操作规程进行闸门启闭。

(6)开启多孔闸门时,应遵循对称启闭的原则,或由中间向两岸对称开启,并保证同一开度;闸门启闭过程中,应使闸门两侧止水保持湿润状态。

(7)当开启闸门接近最大开度及闸门接近闸底时,要特别注意控制,及时停车,以免闸门和启闭机损坏。

(8)应定期对系统各部分进行检修和养护,相关人员要做好设备和周边环境的清洁及溢洪闸的安全保卫工作,保持机械电气设备及闸门的良好状态。

(9)相关操作人员必须参加年度汛前和汛后对闸门启闭机、电气设备的维护工作;每年汛前、汛后应做较为彻底的检查、修理,并做好维修记录;汛期加强水库溢洪闸闭启操作系统的巡查,发现问题及时上报及时处理;确保闸门始终处于可操控的良好状态。

六、项目报告、考核评价

项目报告、考核评价要求见项目二。

思考题

1. 基于 PLC 的闸门自动启闭系统的工作原理是什么？其组成结构怎样？
2. 基于 PLC 的闸门自动启闭系统的功能有哪些？
3. 如何操作运行闸门自动启闭系统？
4. 通过本项目训练，你有哪些收获？

项目七　河道、堤防工程管理岗位认知训练

一、训练目的

教师组织学生到典型的江河堤防或水利工程仿真实训中心，如荆江大堤、黄河大堤、南四湖湖东大堤等，认知河道、堤防管理岗位的工作任务和内容，从而掌握河道、堤防管理的技能。

二、能力目标

(1)能分析河道和堤防的组成、结构、功能及运行特点。

(2)能根据河道、堤防管理制度进行日常技术管理。

(3)能进行河道和堤防的检查观测、养护维修、控制运用、防汛抢险等具体管理工作。

三、训练内容

(一)河道和堤防的组成、结构、功能及运行特点

狭义的河道是指河流，包括江河、湖泊和人工河、人工渠等行水通道。广义的河道是指江河、湖泊、水库、渠道及行洪、蓄洪、滞洪区。

河道的构成，包括两岸堤防及其堤防之间的主河槽、河滩、沙洲、岸线、两堤外的护堤地以及按照历史最高洪水位划定的无堤防河道的安全保护范围。

河道管理的主要目的是贯彻执行国家的有关政策和法规，依法管理河道及其有关工程设施以及河道管理范围内的各项活动和行为，保障江河防洪安全和河道综合效益的发挥。管理对象一般是河道堤防工程、水闸工程、蓄滞洪区、中小河流以及与这些工程相关的活动和行为。

堤防是挡水的土工建筑物，它的安全条件和土坝一样。堤防和土坝都是由散粒体土料经过碾压堆筑而成的。但堤防与土坝又有许多不同点，不仅因为堤防分布范围广，还因其具有以下特点：

(1)地质条件不如土坝好。

(2)堤身较长，施工质量差。

(3)水流条件不同。堤防主要是防御流动的洪水，由于江河水位的涨落，一般不易控制，常会引起迎水坡和滩地的冲刷甚至崩塌。

(4)经历一次洪峰，堤防和土坝的入渗条件及浸润线不同。经历一次洪峰，由于水位滞留时间短，入渗距离在堤防中不如在土坝中长，但渗透坡降大。如果堤身过于单薄、施工质量又差，这种渗流会给堤防带来严重后果。

(5)大部分堤防绵延于旷野，易遭虫兽等损害。

堤防施工接头多，地质条件差，延伸距离长，薄弱环节多，其防汛抢险任务比水库更重。

（二）河道、堤防运行管理制度

如《河道管理办法》《堤防工程管理细则》等。

（三）河道和堤防的巡视检查、日常养护、维修加固、控制运用等具体管理工作

包括河道、堤防巡视检查和日常养护的任务、要求及内容，河道、堤防常见病害（如裂缝、渗漏、洞穴等）巡查诊断、维修加固的方法技术，河道、堤防工程控制运用的任务、方式及内容等。

例如，堤防的检查工作一般包括以下内容。

1. 堤防的外表检查

(1) 经常性检查。

经常性检查包括平时检查和汛期检查。平时检查应着重检查堤防险工、险段及其变化情况和堤段上有无雨淋沟、浪窝、洞穴、裂缝、渗漏、滑坡、塌岸以及堤基有无管涌及流土。

堤防上的涵闸等建筑物应与堤防检查同时进行，要注意涵洞、水闸等有无位移、沉陷、倾斜或裂缝，涵闸与土堤联结部分有无沉陷、漏水与淘空等缺陷。

(2)临时性检查。

临时性检查主要包括在大雨中和台风、地震后的检查。应着重检查有无跌窝、淘脚、崩塌及渗漏等。

(3)定期检查。

定期检查包括汛前、汛后或大潮前后的检查。定期检查除对工程进行全面、细致的检查外，还应对河势变化、防汛物料、防汛组织及通信设备等进行检查。有防冰凌任务的河道，在溜冰期间，应观测河道内的冰凌情况。

2. 内部隐患检查

内部隐患检查可采取人工锥探、机械锥探或电法探测技术。

堤防的养护工作一般包括以下内容：

(1)预留护堤地。

堤防两侧多是沿河群众从事生产建设活动的地方，有些活动如取土、挖沟等常使堤防遭受破坏。为此，应根据当地政府的规定在堤防两侧划出一定宽度的保护地，作为保护堤防的范围。

(2)植草护坡。

在堤坡植草、保护地植树既是保护堤防、防风、防雨、防浪的重要措施之一，又是综合经营的主要项目，应禁止破坏。

(3)禁作他用。

禁止在堤防及规定的范围内取土、挖窖、放牧、耕耘、堆放杂物等危害堤防完整和安全的活动。例如在临水坡外挖沟、建窑，将破坏地表的铺盖层，在汛期高水位时，易发生流土、管涌、渗水等险情。

(4)交通限制。

堤顶行车应予控制,履带拖拉机、铁木轮车等损坏堤顶平整的交通工具一律禁止通行;下雨及堤顶泥泞期间,除防汛抢险和紧急军事专用车辆外,其他车辆一律不准在堤上通行。堤顶一般不作公路使用,如需要,应经上级批准后方可使用。

(5)消除隐患。

当堤身有蚁穴、兽洞、坟墓及窑洞等隐患时,应及时开挖回填或用灌浆等方法处理。

(6)确保行洪能力。

必须严格遵守河道管理的各项规定,以维持河道泄洪能力,防止对堤防造成威胁。一般要求如下:

①严禁在河道内任意拦河打坝、筑坝挑流、修筑道路、鱼塘等。如确实需要,应事先报请上级领导部门批准。

②禁止向河内倾倒垃圾、废渣等物,防止堵塞河道和引起河道污染。河道内的杂草、芦苇及妨碍行洪的树木以及损伤闸坝工程的漂浮物等,均应彻底清除。

③在河道上修筑桥梁或码头时,必须保证不影响泄洪能力,并报请上级主管部门同意后方可兴建。

④禁止在河道内或行洪区、蓄洪区内任意围筑圩垸。

四、教学方法与手段

该项目采用任务驱动,项目导向,"教、学、练、做"一体化的教学方法。教学手段是校企合作、工学结合、项目教学,由校内教师与水库管理技术人员共同指导训练、评价训练成果。

五、参考实例

山东省南四湖湖东大堤堤防工程管理细则

1　总　则

1.0.1　为加强堤防工程管理,提高工程管理水平,保障堤防工程安全运行,依照相关法规和技术规范,结合本单位的实际情况,制定本细则。

1.0.2　本细则适用于济宁市南四湖水利管理局所管堤防工程湖东大堤堤防济宁段91.8 km。堤防工程包括堤身、堤岸防护、穿跨堤建筑物、附属设施等水利工程。

1.0.3　堤防工程管理的基本任务是:确保所管堤防工程的完整性和安全运行,合理利用水资源,充分发挥工程效益,不断提高管理水平。

1.0.4　堤防工程管理工作内容主要包括:

1　贯彻执行上级主管部门的要求和有关技术规范和规程。

2　制定和完善所管工程各项规章制度,并贯彻执行。

3　及时掌握水情、雨情、工情。

4　开展对工程检查监测,并及时分析研究,掌握工程状态。

5 实施养护管理,消除工程缺陷和隐患,确保工程完好与安全。

6 做好防汛、防冻的各项工作和落实各项责任制。

7 做好依法管理和安全管理工作。

8 做好档案归档与管理工作。

9 结合南四湖管理局工程管理业务需要,开展科学研究和技术革新,积极推广应用新技术,不断提高管理水平,推进堤防管理现代化建设。

10 加强职工教育和业务培训,不断提高职工队伍素质。

1.0.5 南四湖管理局人员认真学习本细则和有关技术标准,熟悉湖东堤工程规划、设计、运行情况,熟悉工程各部位结构和设备特点,掌握检查监测、养护修理等管理业务,提高工程险情处理能力,做好堤防工程的管理工作。

1.0.6 根据所管工程的情况和要求,建立健全各项管理制度,主要应包括:

1 管理人员岗位责任制;

2 水利工程维修养护管理制度;

3 湖东堤工程管理巡查制度;

4 水利工程检查观测制度;

5 防汛责任制度;

6 防汛值班制度;

7 汛期特别值守制度

8 工程管理责任追究制度;

9 水利工程管理考核办法;

10 水利工程安全生产管理制度;

11 档案管理制度;

12 培训学习制度。

1.0.7 建立《工程大事记》,对管理中发生的重大问题,应详细记录并归入档案。

1.0.8 全面推行水利工程规范化管理考核制度,根据《山东省水利工程规范化管理考核办法》《山东省河道堤防规范化管理考核标准》《济宁市水利工程规范化管理考核办法》的要求,结合本单位制定的工程管理考核办法,开展考核工作。

1.0.9 本细则应通过管理实践不断总结经验,执行中发现问题及时进行修订补充。

2 检查与监测

2.1 堤防工程检查

2.1.1 一般规定

1 堤防工程检查范围应包括堤防工程管理范围和保护范围。按照《济宁市河道管理办法》的规定,管理范围为辖区内的湖东堤堤防和堤防内侧的水域、沙洲、滩地(包括可耕地)、行洪区、堤防及堤脚外侧 5 ~ 10 m(北沙河至新薛河段 5 m)的护堤地;管理范围的相连地域划定 100 m 的堤防安全保护区。湖东堤入湖 500 m 支流堤防、河道和护堤地。

2 堤防工程检查应包括外部检查和内部探测检查;针对各堤段的具体情况和存在问题还应进行具体检查。

3　堤防工程检查中发现的一般问题，应及时进行处理；情况严重的，应对异常和损坏现象作详细记录（包括拍照或录像），分析原因，提出处理意见，并上报上级主管部门。

2.1.2　检查分类和次数

检查一般分为经常检查、定期检查、特别检查。

1　经常检查：主要指外观检查，管理人员对所管堤段每天检查一次；管理局每月集中组织检查一次。汛期应根据汛情增加检查次数。

2　定期检查：汛前、汛后应进行堤防工程的定期检查。一般情况下，汛前、汛后各检查一次，遇特殊情况增加检查次数。当汛期洪水漫滩、偎堤或达到警戒水位时，对工程进行巡视检查。

3　特别检查：当发生大洪水、大暴雨、台风、地震等工程非常运用情况和发生重大事故时，应及时进行特别检查。必要时应报请上级主管部门和有关单位共同检查。

2.1.3　经常检查应包括下列项目和内容。

1　堤身外观

（1）监测堤身断面及堤顶高程是否符合设计标准。

（2）堤顶：是否坚实平整，堤肩线是否顺直；有无凹陷、裂缝、残缺，相邻两堤段之间有无错动；是否存在硬化堤顶与土堤或垫层脱离现象。

（3）堤坡：是否平顺，有无雨淋沟、滑坡、裂缝、塌坑，有无杂物垃圾堆放，有无害堤动物洞穴和活动痕迹，有无渗水。排水沟是否完好、顺畅，排水孔是否通畅，渗漏水量有无变化等。

（4）堤脚：有无隆起、下沉，有无冲刷、残缺、洞穴。

（5）混凝土有无剥蚀、冻害、裂缝、破损等情况。

（6）砌石是否平整、完好、紧密，松动、塌陷、脱落、风化、架空等情况。

2　护堤地和堤防工程保护范围

背水侧堤脚以外有无管涌、渗水等。

3　堤岸防护

（1）坡式护岸：坡面是否平整、完好，砌体有无松动、塌陷、脱落、架空、垫层淘刷等现象，护坡上有无杂草、杂树和杂物等。浆砌石或混凝土护坡变形缝和止水是否正常完好，坡面是否发生局部侵蚀剥落、裂缝或破碎老化，排水孔是否通畅。

（2）坝式护岸：砌石护坡坡面是否平整、完好，有无松动、塌陷、脱落、架空等现象，砌缝是否紧密。散抛块石护坡坡面有无浮石、塌陷。土心顶部是否平整、土石接合是否严紧，有无陷坑、脱缝、水沟、洞穴。

（3）墙式护岸：混凝土墙体相邻段有无错动、变形缝开合和止水是否正常，墙顶、墙面有无裂缝、溶蚀，排水孔是否正常。浆砌石墙体变形缝内填料有无流失，坡面是否发生侵蚀剥落、裂缝或破碎、老化，排水孔是否正常。

（4）护脚：护脚体表面有无凹陷、坍塌，护脚平台及坡面是否平顺，护脚有无冲动。

4　防渗及排水设施

（1）防渗设施：保护层是否完整，渗漏水量和水质有无变化。

（2）排水设施：排水沟进口处有无孔洞暗沟、沟身有无沉陷、断裂、接头漏水、阻塞，出口有无冲坑悬空。排渗沟是否淤堵。排水导渗体或滤体有无淤塞现象。

5 穿堤、跨堤建筑物及其堤防接合部

(1)穿堤建筑物与堤防的接合是否紧密,是否有渗水、裂缝、坍塌现象。

(2)穿堤建筑物与土质堤防的接合部临水侧截水设施是否完好,背水侧反滤排水设施、有无阻塞现象,穿堤建筑物变形缝有无错动、渗水、断裂。

(3)跨堤建筑物支墩与堤防的接合部是否有不均匀沉陷、裂缝、空隙等。

(4)上、下堤道路及其排水设施与堤防的接合部有无裂缝、沉陷、冲沟。

(5)跨堤建筑物与堤顶之间的净空高度,能否满足堤顶交通、防汛抢险、管理维修等方面的要求。

(6)检查穿、跨堤建筑物有无损坏,按照有关规定对穿、跨堤建筑物机电设备进行检查。

6 堤防工程附属设施

(1)观测设施:各种观测设施是否完好,能否正常观测。

(2)交通与监控设施:堤防工程交通道路的路面是否平整、坚实,是否符合有关标准要求。堤防工程道路上有无打场、晒粮等现象。未硬质化的堤顶道路有无交通卡口等管护措施。堤顶交通道路所设置的安全、管理设施及路口所设置的安全标志是否完好。堤防工程监控设施是否完好,能否正常运行。

(3)其他附属设施:堤防上的千米里程碑、百米桩、界牌、界标、警示牌、护路杆等是否有丢失或损坏。堤岸防护工程的标志牌和护栏有无损坏、丢失。

7 防汛抢险设施

(1)重点堤段是否按规定备有土料、砂石料、编织袋等防汛抢险物料。

(2)重要堤段是否按规定备(配)有防汛抢险的照明设施、探测仪器和运载交通工具。

(3)各种防汛抢险设施是否处于完好待用状态,防汛仓库是否完好。

8 生物防护工程

(1)护堤林带的树木有无老化和缺损现象;是否有人为破坏、病虫害及缺水现象。

(2)草皮护坡是否被雨水冲刷、缺损,人畜损坏或干枯坏死。

(3)草皮护坡中是否有荆棘、杂草或灌木。

2.1.4 定期检查项目和内容

1 汛前检查:除经常检查内容外,重点对以下项目进行检查:

(1)监测堤身断面及堤顶高程是否符合设计标准。

(2)堤岸防护工程应通过检查湖水,预估水流的冲刷部位,检查护脚、护坡的完整情况以及历次检查发现问题的处理情况。

(3)当穿堤建筑物的底高程在堤防设计洪水位以下时,其为防洪所设置的闸门或阀门是否能在防洪要求的时限内关闭,并能正常挡水,必要时进洞检查。

2 汛期检查:按照规范规定和济宁市防汛抗旱指挥部所规定的巡堤查险内容或要求进行。

3 汛后检查:应检查堤身损坏情况、险情记录和洪水水印标记记录及实测情况,检查观测设施有无损坏,检查堤岸防护工程发生沉陷、滑坡、崩坍、块石松动、护脚走失等情况。

4 堤身内部检查应根据需要,采用人工探测、无损探测、钻探等方法,适时进行各种堤身内部隐患探测,以检查堤身内部有无洞穴、裂缝和软弱层存在。

2.1.5 特别检查项目和内容

1 事前检查:在大洪水、大暴雨、台风到来前,对防洪、防雨、防台风的各项准备工作和堤防工程存在的问题及可能出险的部位进行检查,应检查工程标准和坚固程度能否抗御大洪水、大暴雨、台风。

2 事后检查:应检查大洪水、大暴雨、台风、地震等工程非常运用及重大事故后堤防工程及附属设施的损坏和防汛物料及设备动用情况,对最高水位进行观测记录。

2.1.6 检查方法和要求

1 湖东堤堤防工程检查应由济宁市南四湖水利管理局负责组织。重要的检查应请上级主管部门参加或主持。检查人员应相对固定,分工明确,各负其责。

2 外观观察应通过眼看、耳听、手摸和相应的仪器、工具进行;内部探测宜采用有效的探测技术和设备进行。

3 堤防工程检查应有清晰、完整、准确、规范的检查记录(包括拍照或录像),每次检查完毕后,应及时整理资料,结合观测、监测资料,编写检查报告。

2.2 堤防工程安全监测

2.2.1 一般规定

1 根据工程级别、地形地质、水文气象条件、建成时间及管理运用要求,确定工程监测项目,制订监测计划。

2 堤防工程沿线应建立统一的测量控制系统。测量控制系统的起测点和工作基点,应布置在堤防背水侧地基比较坚实,易于引测且不受堤防位移影响的地点。

3 埋设的观测设备、设施,应安全可靠,经久耐用。

4 堤防工程安全监测应有专门的设计,明确监测的方案、技术要求、投入的仪器设备等。

2.2.2 堤防工程一般应设置以下基本监测项目:变形监测(竖向位移观测、水平位移观测、表面变形观测等)、水位、堤身浸润线等。

1 变形监测

变形监测主要是通过测定堤防的表面尺寸反映堤身现状,通过观测堤身表面及深层位移反映堤防的稳定性。

堤身竖向、水平位移:通过对堤身的竖向及水平的位移监测反映堤身变形,观测断面应选在堤基地质条件较复杂、渗流位势变化异常、有潜在滑移危险的堤段,观测点一般布设在堤顶、堤坡、平台、堤脚;竖向位移监测宜采用三等以上水准。原则上每年汛后观测一次,但在地质和工程运行情况比较复杂的堤段应根据需要每月观测一次。

表面变形:通过对堤身外形尺寸观测实现表面变形监测,监测内容包括堤身地基范围内的裂缝、洞穴、滑动、隆起及翻沙涌水等变形现象。一般可根据需要进行观测,淤土及地质情况比较复杂的堤段应增加测次。

裂缝监测:表面裂缝一般采用钢尺及简易工具进行测量,对于2 m以内的浅缝可用坑槽探法检查裂缝的宽度等,深层裂缝采用探坑或竖井检查,同时还需测定裂缝的走向。

2 水位

选择湖东大堤标准断面,对照设计标准进行堤防行洪能力分析。应经常观测;洪水期或水位变化较大时,应增加观测次数,满足防汛要求。南四湖特征指标见表 7-1。

表 7-1 南四湖特征指标表

名 称	上级湖	下级湖	全湖
流域面积(万 km^2)	2.75,0.42,3.17		
湖面面积(km^2)	602	664	1 266
平均湖底高程(m)	32.5	31.0	
死水位(m)	33.0	31.5	
正常蓄水位(m)	34.2	32.5	
兴利水位(m)	34.2	32.5	
50 年一遇防洪水位(m)	37.0	36.5	
库容 死库容(亿 m^3)	2.68	3.06	5.74
兴利库容(亿 m^3)	6.56	4.72	11.28
防洪水位	35.50 m	35.0 m	蓄水量 41.21 亿 m^3
	相应蓄水 17.09 亿 m^3	相应蓄水 24.12 亿 m^3	
兴利水位	34.20 m	32.5 m	蓄水量 17.02 亿 m^3
	相应蓄水 9.24 亿 m^3	相应蓄水 7.78 亿 m^3	
死水位	33.0 m	31.5 m	蓄水量 5.74 亿 m^3
	相应蓄水 2.68 亿 m^3	相应蓄水 3.06 亿 m^3	

3 堤身浸润线

堤身浸润线观测常通过堤身断面埋深测压管或渗压计来完成,在统一时段观测到的测压管水位基本反映了堤身浸润线高低。观测堤身浸润线的变化就可以把握堤身内部渗流状态变化情况,分析掌握堤防防渗、导渗处理的效果和相关设施的工作性能,用以进一步判断堤防是否稳定,以正确运用和维修。

(1)新建堤防投入使用后,每日或隔日观测一次;正常运行 3 个月以后,可以每周观测一次;正常运行 5 年以上,且堤防沉降和渗流分布均无异常情况下,可每半月观测一次。

(2)观测堤身浸润线水位时,必须同步观测堤防迎水坡和背水坡两侧地表水水位。

(3)行洪期间,根据需要定期观测。

4 堤防隐患探测

应不定期地对可能发生隐患的堤段进行堤身、堤基探测检查,原则上应每 5 年检查 1 次。

2.2.3 工程观测

1 堤防工程观测工作，为工程安全运行积累资料；

2 根据设计及管理情况，明确专人负责，积极开展工程观测工作；

3 工程观测工作应按照有关规范和规定进行；

4 工程观测工作应保持系统性、连续性；

5 观测设施完好率达 90% 以上；

6 工程观测成果要真实、准确，观测资料应及时进行整理、整编和分析，并及时归档。

2.2.4 观测要求

1 要保持观测工作的系统性和连续性，按照规定的项目测次和时间制订计划，在现场进行观测，对正常性的观测要求做到“四随”（随观测、随记录、随计算、随校核）、“四无”（无缺陷、无漏测、无不符合精度、无违时），“四固定”（人员固定、设备固定、测次固定、时间固定），以提高观测精度和效率。

2 每次观测结束后，应及时对记录资料进行计算和整理，并对观测成果进行初步分析，如发现观测精度不符合要求，应立即重测。如发现异常情况应立即进行复测，查明原因并上报上级主管部门，同时加强观测，并采取必要措施。

3 每年初均应对上一年度观测资料进行整编，形成堤防安全监测总体报告，并将整编成果报上级主管部门审查，经审查合格后装订成册，归入技术档案。

4 发现异常现象应作专项分析，必要时会同科研、设计、施工单位作专题研究。

3 养护与修理

3.0.1 堤防工程养护包括堤身、护岸工程、穿跨堤建筑物和附属工程等单位工程的日常保养和防护，堤防工程修理包括岁修、大修和抢修。

3.0.2 堤防工程的养护修理应坚持“经常养护，及时修理，养修并重”的原则。

3.0.3 加强管养分离，精干管理机构。应积极推广应用新技术、新材料、新工艺，逐步实现机械化、信息化，提高管理水平。

3.0.4 堤防工程养护修理应遵守下列规定：

1 执行堤防工程管理的法规和有关技术标准，做好养护工作。

2 修理可按工程损坏调查、修理方案设计、施工、验收四个程序进行。工程的施工、验收参照有关标准的规定执行。

3 涉及度汛的修理工程应在汛前完成，汛前完成确有困难的，应采取临时安全度汛措施。

4 堤防工程发生险情，应立即组织抢修，并及时上报。

3.0.5 堤防工程养护、修理的各项工作，应做好技术资料的整理并按照有关技术档案的管理规定存档。

3.1 堤身工程养护与修理

3.1.1 一般规定

1 堤身工程养护包括堤顶、堤坡、护坡、防渗及排水设施养护等工程。

2 堤身养护应做到对堤防进行经常保养和防护，及时处理表面缺损，保持堤防的完整、安全和正常运用。在特殊位置应设置拦路杆，在必要时关闭拦路杆。

3.1.2 堤顶养护

1 堤顶、堤肩、道口等养护应做到平整、坚实、无杂草、无弃物。

2 堤顶应保持设计宽度（6 m）与设计高程，堤顶养护应做到堤线顺直、饱满平坦，无车槽，无明显凹陷、起伏，平均每5 m长堤段纵向高差不应大于0.1 m。保持设计宽度、高程。

3 堤顶应保持向一侧或两侧倾斜，坡度宜保持在2%～3%。

4 堤肩养护应做到无明显坑洼、坍肩，堤肩线平顺规整，堤肩应植草防护。

5 未硬化堤顶的养护应符合下列要求：

（1）堤顶泥泞期间，及时关闭护路杆（拦车卡），排除积水；雨后及时对堤顶洼坑进行补土垫平、夯实。

（2）旱季宜对堤顶洒水养护。

6 硬化堤顶的养护应符合下列要求：

（1）平整无积水、无坑洼、无裂缝、松动等；

（2）泥结碎石堤顶应适时补充磨耗层和洒水养护，保持顶面平顺，结构完好。

3.1.3 堤坡养护

堤坡养护应符合下列要求：

1 堤坡应保持设计坡度，坡面平顺，无雨淋沟、陡坎、洞穴、陷坑、杂物等。

2 戗台（平台）应保持设计宽度，台面平整，平台内外缘高度符合设计要求。

3 排水设施完好，无缺损、无杂物、无堵塞。

4 堤脚线应保持连续、清晰。

5 上下堤坡道应保持顺直、平整，无沟坎、凹陷、残缺，禁止削堤筑路。

6 土质坡面应植草覆盖，背水侧堤坡的草皮覆盖率达到95%以上。

3.1.4 护坡养护

护坡养护应保持坡面平顺、砌块完好、砌缝紧密，无松动、裂缝、塌陷、脱落、架空、风化等现象，无杂草、杂树、杂物，保持坡面整洁。

3.1.5 防渗及排水设施养护

1 防渗设施保护层应保持完好无损，更换防渗体断裂、损坏、失效部分。

2 应修复排水设施进口处的孔洞暗沟、出口处的冲坑悬空，清除排水沟内的淤泥、杂物及冰塞，及时恢复排水沟保护层，确保排水体系畅通。

3.1.6 防汛道路养护

1 防汛路面应达到路拱明显，路拱坡度宜保持在2%～3%。路面饱满平坦、无裂缝、无坑、无明显凹陷、无车槽，平均每5 m长堤段纵向高差不应大于0.1 m。应及时清扫，排除积水。

2 路牙应保持顺直、无倾斜、破损，保证防汛抢险专用车辆的通行。

3 拦路杆应定期除锈、油漆、上润滑油，并对锁进行防锈处理。

3.1.7 护堤地养护

护堤地的养护应做到边界明确，地面平整，排水畅通，整洁无杂物。护堤地有界埂或界沟的,应保持其规整、无杂草,界埂出现残缺应及时修复,界沟阻塞应及时疏通,有巡查便道的,应保持畅通。护堤地应种植护堤林带。

3.1.8 堤身工程修理

1 对堤顶、堤坡、护坡和防渗及排水设施的缺陷或损坏应按原设计标准及时修复;对堤身裂缝和堤防隐患,应依据其成因和性质分别采取不同处理措施。

2 堤防修理的土石方及混凝土结构的裂缝、渗漏、剥蚀等施工应符合有关规范规定。

3.2 护岸工程养护与修理

3.2.1 堤岸防护工程养护应做到封顶严密、整齐美观,土石接合部无脱缝等现象。

3.2.2 坡式护岸养护应保持坡面平顺、砌块完好、砌缝紧密,无松动、裂缝、塌陷、脱落、架空、风化等现象,无杂草、杂树、杂物,保持坡面整洁。

3.2.3 坝式护岸养护

1 坝式护岸养护应做到坝面平整、土石结合紧密、坝顶排水畅通,无积水坑洼、陷坑脱缝、雨淋沟、洞穴、杂草、散乱块石等。

2 暴雨时,应冒雨巡查,疏通排水出路。发现较大雨淋沟,应先将进水口周围用土修筑土埂,拦截水流不使之继续进水,雨后再进行处理。

3 土心上的坑洼和雨淋沟,应及时填补。

4 经常修整坝面,清除土心上的荆棘杂草及其他杂物,保持坝面完整美观。

5 坝式护岸的散抛块石、砌石和混凝土护坡养护应错缝竖砌、密实稳固、表面平整,不应架空、叠砌。

6 土质坡面宜植草防护,草皮养护应经常修整、清除杂草,保持完整美观;草高一般不宜超过 15 cm,以免叶茎过长,影响排水,诱发病虫害;干旱时宜适时洒水养护。应及时补植或更新的缺损草皮。

3.2.4 墙式护岸养护

1 应清除护岸表面的草、树和杂物,保持护岸整洁。

2 变形缝内流失的填料应及时填补,填补前应将缝内杂物清洗干净。

3 混凝土护岸表面发生局部、轻微的侵蚀剥落或破碎,应采用涂料涂层防护或用水泥砂浆等材料进行表面修补。

4 浆砌石护岸表面发生局部侵蚀剥落或破碎,应采用水泥砂浆进行表面抹补、填塞或喷浆。

3.2.5 护脚养护

护脚石应排砌紧密,护脚平台应保持平整及坡度平顺,无明显凹凸现象。

3.2.6 排水设施养护

1 应及时清除排水沟(管)内的淤泥、杂物及冰塞;对排水沟(管)局部松动、裂缝和损坏,应及时处理,使其保持完好无损。

2 排水孔排水不畅,应及时进行疏通。每年汛前、汛后应普遍清理一次。清理时,不应损坏其反滤设施。

3.2.7 应按原有标准及时修复护岸控导工程表面的缺陷、坑洼、洞穴、雨淋沟及局部砌石松动变形或脱落等,所用材料应符合原设计要求并严格控制工程质量。

3.3 穿、跨堤建筑物与堤防接合部养护修理

3.3.1 一般规定

1 特别重视和加强堤防与穿、跨堤建筑物接合部的养护与修理，接合部发生损坏时，应通过调查和检测查明原因，针对损坏原因采取修复措施。

2 堤防与穿、跨堤建筑物接合部的养护修理应以防汛安全为前提，兼顾各穿、跨堤建筑物自身的功能。

3 穿、跨堤建筑物发生损坏，按要求及时修理或抢修，确保堤防及穿堤、跨堤建筑物的安全。

3.3.2 穿堤建筑物及其与堤防接合部养护修理

1 底部高程在堤防设计洪水位以下的穿堤建筑物，其在临水侧与堤防接合部，应特别加强养护工作，保持堤防与穿堤建筑物接合坚实紧密。背水侧也应按照规定进行养护。

2 底部高程高于堤防设计洪水位的穿堤建筑物，其与堤防的接合部和堤顶、堤坡同时进行养护，使其保持坚实紧密。

3 应加强穿堤建筑物与土质堤防接合部临水侧截水设施和背水侧反滤、排水设施的养护，如有损坏，应及时修复。

4 所有穿堤闸涵、管道、线缆及道口管理设施，均应按有关规定进行养护，发现损坏及时修理。

3.3.3 跨堤建筑物与堤防接合部养护修理

1 跨堤建筑物的支墩在堤身背水坡的，应加强支墩与堤坡接合部的养护工作。

2 上、下堤道路及其排水设施的养护工作除按正常堤防养护要求进行外，在雨季应增加养护次数，对土质堤防的上下堤道路及其排水设施，在降雨期间应坚持巡查，及时处理发生的问题。

3 码头、港口的上下堤道路和排水设施与堤防的接合部应由码头、港口管理单位按照相关的规定进行养护。

4 桥梁、渡槽、管道等跨堤建筑物布置在堤身背水坡的支墩与堤防接合部发现有沉降、裂缝时，应立即通知有关单位对其修理；发现渗水情况应查明原因，采取合理的渗流控制措施。

4 生物防护工程养护

4.1 一般规定

4.1.1 堤防生物防护工程应因地制宜地选择杨树。

4.1.2 对于树木缺损较多的林带，应适时补植或改植其他适宜树种。

4.1.3 堤后植物防护应以乔木为主，乔木的株行距应根据不同的树种、冠幅大小来确定。

4.1.4 生物防护工程的管理，应因地制宜，坚持日常养护，引进、推广先进技术、机具。

4.1.5 根据林木病虫害发生、发展和传播蔓延的规律，及时进行检查，防止植物病虫害发生。

4.1.6 堤防工程管理范围的林木由管理局组织营造，在生物防护时应满足堤防检查要求。

4.1.7 养护人员应防止和及时制止危害生物防护工程的人畜破坏行为。

4.2 草皮及林木养护修理

4.2.1 草皮护坡应经常修整、清除杂草,保持完整美观;草高一般不宜超过 15 cm,以免叶茎过长,影响排水,诱发病虫害;干旱时宜适时洒水养护。应及时补植或更新的缺损草皮。

4.2.2 林木防护工程养护

在干旱季节和干燥地区,应及时进行人工浇水,浇水量和次数根据实际情况确定。对枯死和病害严重的树木,应及时挖除后补植。一旦发生病虫害,应采取相应的防治措施。应做好树木防冻工作。

堤防管理范围林木采伐应当符合林业采伐的有关规定。林木更新采伐一般安排在每年的冬春季节进行,采伐作业时必须将树根清除干净。

5 动物危害防治

5.0.1 堤防工程动物危害防治应保证堤防工程安全、不污染环境,做到防治并重、因地制宜、综合治理。

5.0.2 防治范围应包括堤防工程的管理范围、保护范围和害堤动物可能影响堤防安全的范围。

5.0.3 及时清除堤坡上的树丛、高秆杂草、旧房台等,整理各防土料、备防石料垛,消除便于獾、狐生存、活动的环境条件。因地制宜,采用人工捕杀、器械捕捉、药物诱捕、熏蒸驱逐、化学绝育等方法。对堤身内的洞穴及时采取开挖回填或充填灌浆等方法处理。

6 附属设施养护修理

6.1 里程桩、界碑、标志牌、观测设施养护

6.1.1 里程桩、界碑、标志牌(含疫区标志牌、警示牌、险工险段及工程标牌、工程简介牌等)应定期清洗、油漆、维修更新、补充,保证完善、清晰、美观。

6.1.2 测量控制系统的起点和工作基点校核应执行有关规范,观测设施如有损坏,应及时修复或更新。

6.1.3 主要观测仪器、设备,如有损坏,应及时修复或更新。

6.2 设备管理维护

6.2.1 必须按照岗位责任制由专人管理。

6.2.2 设备维护以“保养为主,维修为辅”的原则,正确合理地使用设备,既要充分发挥设备的能力,又要严禁违章操作和超负荷运行。

1 操作人员必须接受专业技术训练,熟悉设备的结构原理,掌握操作要领,考核合格后方能上岗。

2 设备的操作和维护人员必须严格遵守设备的技术管理规程,掌握设备运行状态,发现问题及时处理或报告。

6.2.3 设备养护、修理

1 按照国家有关部门的规定,加强对观测、运输、通信、电力、动力、办公等设备的维

护、检查、监测和预防性试验,确保安全经济地运行。

2 做好设备的润滑、防火、防爆、防尘、防漏、防腐等专项工作。设备应达到“四无”(无积灰、无杂物、无松动、无油污)和“六不”(不漏油、不漏水、不漏电、不漏气、不漏风、不漏物料)。

3 设备检修工作必须严格遵守检修规程,执行检修技术标准,保证质量,做好记录,缩短时间,降低成本。

4 设备管理人员要根据设备的技术状况,编制好设备的检修计划,并纳入年度计划实施。当生产与设备检修发生矛盾时,生产要服从检修。

5 堤防防汛物资储备应按照《防汛物资储备定额编制规程》(SL 298—2004)测算及实际情况储备一定种类和数量的防汛物资。存储的料物应位置适宜、存放规整、取用方便,有防护措施。

6.3 办公、生活区管理

6.3.1 办公和生活区的建筑或设施,包括办公室、动力配电房、机修车间、设备材料仓库、宿舍、食堂、卫生间,应保持整洁,符合卫生、安全、防火要求。

6.3.2 办公区要树立良好的管理形象,办公、生活区要统一规划,绘制平面分布图,办公区院内地面平整,进出办公区要设宣传栏。

6.3.3 做好办公、生活区环境建设,定期对房屋和围墙进行粉刷或油漆。

6.3.4 办公、生活区内物品摆放整齐,窗户明亮,地面干净,保持清洁。

6.3.5 办公区和生活区明确划分,并应划分责任区,设标志牌,环境卫生分片包干到人。

6.3.6 房屋的其他养护修理可参照工业与民用建筑物有关规定执行。

7 其他管理

7.1 一般规定

7.1.1 按照有关要求组织实施堤防工程管理工作,不断巩固、改善、提高现有堤防管理水平。

7.1.2 其他管理包括考核管理、涉水项目管理、安全管理、养护修理项目管理、技术档案管理。

7.1.3 按照《山东省实施〈中华人民共和国河道管理条例〉办法》等有关规定划定工程管理范围和保护范围,并对堤防工程管理范围进行确权划界,领取土地使用证,并设置明显界桩。

7.2 考核管理

7.2.1 加强工程管理的考核工作。应按照管理局制定的工程管理考核办法进行考核,考核分为日常考核、定期考核、年终考核。建立定期考核制度,成立内部考核管理小组,专门负责考核工作。考核内容主要包括湖东堤堤防检查、堤防观测、堤防养护、堤防修理等。

7.3 涉水项目管理

7.3.1 本细则所指涉水项目是指在湖东堤管理范围内建设的跨河、穿河、穿堤、临河的桥梁、码头、道路、渡口、管道、缆线、取水、排水等涉水建设项目和河道管理范围内从事采砂、取土、爆破、钻探、挖筑鱼塘、存放物料、开采地下资源及进行考古发掘等涉水从事有关活动项目。

7.3.2 积极配合各级水行政主管部门做好涉水项目行政许可的论证和审查工作。

7.3.3 涉水项目经各级水行政主管部门许可审批同意后，应根据行政许可要求及有关规定督促涉水项目建设单位办理占用或采砂取土等手续后，方能允许其实施，涉水项目实施前，应到现场监督项目放样和定界。

7.3.4 涉水项目实施期间管理局应按照各级水行政主管部门行政许可意见和有关法规要求实施监督，并加强巡视检查，发现问题及时纠正和制止。涉及涉水项目方案变更事项，应先责令项目停止实施，并督促建设单位向原许可单位申请变更后，经原许可单位同意后，方能允许其继续实施。

7.3.5 涉水项目完工后必须由原许可单位和各级水行政主管部门及南四湖管理局参加验收合格后才能竣工和投入使用。

7.3.6 涉水建设项目建成运行后，项目所占用的水利工程的维修养护和防汛责任由建设单位承担，项目所占用的水利工程及设施的维修养护应满足本管理细则的要求，管理局应加强管理和指导，并将其纳入工程正常巡视检查活动内容，发现问题及时告知建设单位，并督促其整改。对涉水建设项目的巡视检查主要内容为：

1 涉水建设项目的运行有无影响河道工程及设施的完好和安全。

2 涉水建设项目有无未经许可同意的改建、扩建行为和涉水有关活动。

3 涉水建设项目的运行有无污染和破坏河道管理范围环境的行为。

4 涉水项目所占用水利工程及设施有无损坏、老化。

5 行洪期间建设单位占用范围有无人员看守巡查，有无备足相应防汛物料。

7.3.7 巡查人员应对涉水项目的监管和巡视检查做好记录，每个涉水项目均应单独建立档案。

7.4 安全管理

7.4.1 依法管理

1 根据有关法律法规，对管理范围内水事活动进行监督检查，维护正常的工程管理秩序。

2 加强对工程管理范围的巡查活动，发现侵占、破坏或损坏水利工程的行为，应立即采取有效措施予以制止，并依法进行查处，令其恢复原状。

3 依法对工程管理范围内批准的建设项目进行监督管理。

4 依法征收工程管理范围内涉水项目水行政规费。

5 管理人员应协助和配合公安、司法等部门查处发生在工程管理范围内的水事治安和刑事案件。

6 积极开展水法规的宣传和教育活动。

7.4.2 安全生产

1 建立健全安全生产网络。安全生产网络由单位负责人及各生产组安全员组成，负责安全生产技术措施的管理和检查。安全员的职责主要是监督职工认真执行操作规程和各项安全制度，检查本单位的各项安全措施是否落实到位。

2 组织职工认真学习、宣传和贯彻执行《水法》、《安全生产法》等法律、法规。

3　对全体职工经常进行安全生产宣传教育工作，组织职工学习安全法规和安全知识，搞好安全生产。特种作业人员必须经专业培训、考核并持证上岗。

4　定期进行专项安全检查，防火、防爆、防盗等措施落实。对管理工作中出现的不安全因素，应及时解决。

5　工程养护修理中，在开始工作前安全负责人应向工作人员讲解有关安全知识，交待有关安全注意事项，对施工环境、设备、工具、保安措施以及操作者身体等情况逐一检查，不符合安全规定的，不得进行作业。

6　严格按照操作规程操作，并配备必要的安全设施。安全标记齐全，电器设备周围应有安全警戒线，易燃、易爆、有毒物品的运输、储存、使用按有关规定执行。办公室发电机房、仓库等重要位置应配备灭火器具。

7　应按规定定期对消防用品、安全用具进行检查、检验，保证其齐全、完好、有效。

8　水上作业应配齐救生设备；在可能有重物坠落的工作场所，必须戴安全帽；进行电气设备安装和操作时，必须按规定穿着和使用绝缘用品、用具。

9　助航标志、避雷设施及各类报警装置要定期检查维修，确保完好、可靠；输电线路要经常检查，严禁私接(拉)乱接，确保人身和设备安全。

10　采用自动监控系统的工程应根据不同的岗位职责，对运行人员和管理人员分别规定其安全等级和操作权限。无操作权限的人员禁止对自动监控系统进行操作，无管理权限的人员禁止在系统计算机上安装或使用任何软件。

7.4.3　事故处理

1　发生事故后，应迅速采取有效措施，组织抢救，防止事故扩大，并及时向上级主管部门如实汇报，发生重大设备或伤亡事故，应立即报告上级主管部门，主管部门在 24 h 以内应向省水利厅报告。

2　发生重大事故的现场应加强保护，任何人不得擅自移动或取走现场物件。因抢救人员、国家财产和防止事故扩大而移动现场部分物件时，应作出标志。清理事故现场时，要经事故调查组同意方可进行。对可能涉及追究事故责任人刑事责任的事故，清理现场还应征得有关司法部门的同意。

3　认真做好事故调查、分析、处理工作，并作出事故报告，内容包括：发生事故的单位、时间、地点、伤亡情况及事故原因分析等。

4　发生责任事故后，按照“事故原因未查明不放过、责任人未处理不放过、整改措施未落实不放过、有关人员未受到教育不放过”的原则，认真调查处理并吸取教训，防止类似事故重复发生。

5　事故发生后，对隐瞒不报、谎报、拖延报告，或者以任何方式阻碍、干涉事故调查，以及拒绝提供有关情况和资料的，按照有关规定，应给予责任人行政处分，情节严重的，追究刑事责任。

6　对及时发现重大隐患，积极排除故障和险情，保卫国家和人民生命财产安全，避免事故发生和扩大作出贡献的，应给予表彰和奖励；对不遵守岗位责任制、违反操作规程及有关安全制度所发生的各种人为责任事故，应给予责任人批评教育和处罚。

7.5 养护修理项目管理

7.5.1 堤防工程养护、修理工作应本着“经常养护、及时修理、养修并重”的原则进行。

7.5.2 根据检查的结果，编制岁修养护、防汛急办等工程维修计划，并应符合下列要求：

养护修理工程，应以恢复原设计标准或局部改善工程原有结构为原则，制订的修理方案，应根据检查和观测成果，结合工程特点、运用条件、技术水平、设备材料和经费承受能力等因素综合制订方案，并按规定时间报上级主管部门。

7.5.3 工程养护修理计划经上级主管部门批准下达后，应尽快组织实施。凡影响安全度汛的项目应在汛前完成，其余项目应于年底前完成。需跨年度施工的，应报上级主管部门批准。

7.5.4 工程养护维修项目实行项目负责人制度，根据批准的计划，认真编制施工方案，并按照批准的方案组织实施，保质、保量、按时完成。

7.5.5 工程养护维修经费实行“专款专用”，项目和经费计划需要调整的，应报上级主管部门批准。

7.5.6 外包工程项目应按照有关规定，选择具有施工资质和能力的维修施工队伍，签订合同，加强项目管理。

7.5.7 养护维修工作应作详细记录并及时进行整理。每年年终进行技术总结，报上级主管单位，重点项目由上级主管单位（或部门）组织检查验收。

7.5.8 抢护工程应做到及时、快速、有效，防止险情发展。

7.6 档案管理

7.6.1 建立健全档案管理制度，并要由专职人员管理档案，档案设施齐全、清洁、完好。

7.6.2 档案管理应取得地方档案主管部门的认定，并按照山东省《水利水电工程档案管理办法》和《山东省基本建设项目档案资料管理办法》的要求建立完整的档案，及时整理归档各类资料，内容应包括：

1 国家有关的方针政策、上级批示和有关的协议等。

2 工程建设、加固的规划、设计、施工及验收等技术文件。

3 工程技术管理有关的标准。

4 控制运用、检查观测、养护修理及科学研究等方面的技术文件、资料及成果等。

7.6.3 技术档案包括以文字、图表等纸质件及音像、电子文档等磁介质、光介质等形式存在的各类资料。应逐步实行档案的数字化及计算机管理。

7.6.4 各类工程和设备均应建档立卡，技术档案、图标资料等应规范齐全，分类清楚，存放有序，按时归档。

7.6.5 严格执行保管、借阅制度，做到收、借有手续，定期归还。外单位需借用资料时，应经单位负责人同意后方可借出，并按规定时间催还。

7.6.6 保管人员工作变动时，应按规定办理移交手续。

堤防工程检查记录表格式见表 7-2。

表 7-2　堤防工程检查记录表(1)

堤防名称：　　　　　　起始桩号：　　　　　　检查日期：
水　　位：　　　　　　检查单位：　　　　　　检查负责人：
参加检查人：　　　　　　　　　　　　　　　　记录人：

<table>
<tr><th>序号</th><th colspan="2">检查部位</th><th>检查内容</th><th>检查情况</th><th>处理意见</th></tr>
<tr><td rowspan="5">1</td><td colspan="2" rowspan="5">堤顶</td><td>是否坚实平整</td><td></td><td></td></tr>
<tr><td>堤肩线是否顺直</td><td></td><td></td></tr>
<tr><td>有无凹陷、裂缝、残缺</td><td></td><td></td></tr>
<tr><td>有无杂物、垃圾、杂草</td><td></td><td></td></tr>
<tr><td>硬化堤顶是否与垫层脱离</td><td></td><td></td></tr>
<tr><td rowspan="6">2</td><td colspan="2" rowspan="6">堤坡与戗台</td><td>是否平顺</td><td></td><td></td></tr>
<tr><td>有无雨淋沟、滑坡、裂缝、塌坑</td><td></td><td></td></tr>
<tr><td>有无害堤动物洞穴</td><td></td><td></td></tr>
<tr><td>有无杂物、垃圾、杂草</td><td></td><td></td></tr>
<tr><td>有无渗水</td><td></td><td></td></tr>
<tr><td>排水沟是否完好顺畅</td><td></td><td></td></tr>
<tr><td rowspan="6">3</td><td rowspan="6">护坡</td><td rowspan="2">混凝土
护坡</td><td>有无剥蚀、冻害、裂缝、破损</td><td></td><td></td></tr>
<tr><td>排水孔是否通畅</td><td></td><td></td></tr>
<tr><td rowspan="2">砌石
护坡</td><td>有无松动、塌陷、脱落、风化、架空</td><td></td><td></td></tr>
<tr><td>排水孔是否通畅</td><td></td><td></td></tr>
<tr><td rowspan="2">草皮
护坡</td><td>是否有缺损、干枯坏死</td><td></td><td></td></tr>
<tr><td>是否有荆棘、杂草、灌木</td><td></td><td></td></tr>
</table>

续表 7-2

序号	检查部位		检查内容	检查情况	处理意见
4	堤脚		有无隆起、下沉		
			有无冲刷、残缺、洞穴		
			基础有无淘空		
5	堤岸防护工程	坡式护岸	砌体有无松动、塌陷、脱落、架空、垫层淘刷现象		
			有无垃圾、杂物、杂草、杂树		
			变形缝和止水是否正常		
			坡面有无剥蚀、裂缝、破碎		
			排水孔是否通畅		
		墙式护岸	相邻墙体有无错动		
			变形缝和止水是否正常		
			墙顶墙面有无剥蚀、裂缝、破碎、脱落		
			排水孔是否通畅		
		坝式护岸	砌石有无松动、塌陷、脱落、架空现象		
			散抛块石护坡坡面有无浮石、塌陷		
			土心顶部是否平整		
		护脚	护脚体表面有无凹陷、坍塌		
			护脚平台及坡面是否平顺		
			护脚有无冲动、淘空		
6	穿堤建筑物与堤防接合部		穿堤建筑物与堤防的接合是否紧密		
			有无渗水、裂缝、坍塌现象		
			穿堤建筑物有无损坏		
			机电设备是否完好		
7	跨堤建筑物与堤防接合部		跨堤建筑物支墩与堤防的接合部是否有不均匀沉陷、裂缝、空隙		
			跨堤建筑物有无损坏		

续表 7-2

序号	检查部位		检查内容	检查情况	处理意见
8	附属设施	观测设施	观测设施能否正常观测		
			观测设施的标志、盖锁、围栅是否完好		
			观测设施周围有无动物巢穴		
		交通设施	交通道路的路面是否平整坚实		
			上堤道路连接是否平顺		
			安全标志、交通卡口等管护设施是否完好		
		监控设施	监控设施是否完好,运行正常		
		其他附属设施	里程碑、界桩、警示牌、标志牌、护路杆等是否完好		
			护堤屋有无损坏		
9	生物防护工程		防浪林、护堤林树木有无缺损、人为破坏现象		
			树木有无病虫害		
10	其他		堤防抢险备料是否完好		
			有无违法违章涉水项目		
			有无危害工程安全的行为		

本次检查发现的主要问题及详细说明：

六、项目报告、考核评价

项目报告和考核评价要求见项目二。

思考题

1. 堤防工程管理的基本任务是什么？主要内容有哪些？
2. 堤防工程检查的内容有哪些？
3. 堤防工程养护修理的内容有哪些？
4. 堤防工程常见的隐患(病害)有哪些？应如何处理？
5. 通过本项目训练,你有哪些收获？

项目八 水库、堤坝防汛抢险演练

一、演练目的

教师组织学生到典型水库、堤坝或水利工程仿真实训中心进行防汛抢险演练，熟悉堤坝防汛抢险的任务、内容及技术，从而掌握水库、堤坝防汛抢险的基本技能。

二、能力目标

(1)能根据水库、河流防洪预案编制防汛抢险演练方案。

(2)能根据水库、堤坝的防汛抢险技术和防汛制度进行常规防汛抢险工作。

(3)能根据防洪预案进行水库、堤坝的防汛抢险，提高防汛抢险应急反应能力。

三、演练内容

(一)水库、堤坝防汛抢险演练方案制订

水库、堤坝防汛抢险演练方案制订的主要内容包括演练目的、演练指挥机构、演练时间、演练内容、演练方法、演练步骤、演练要求、演练工作总结等几个方面。

(二)水库、堤坝防汛抢险演练准备

水库、堤坝防汛抢险演练前准备的主要内容包括思想准备、组织准备、工程准备、物料准备、雨水情测报准备、道路及通信和照明准备、水上救生和人员迁移准备、防守方案准备等。

(三)水库巡堤查险演练

巡堤查险时，对堤防的临水坡、背水坡和堤顶要一样重视。巡查临水坡时要不断用探水杆探查，借助波浪起伏终间歇查看堤坡有无裂缝、塌陷、滑坡、洞穴等险情，也要注意水面有无旋涡等异常现象。在风大流急、顺堤行洪和水位骤降时，要特别注意岸坡有无崩塌现象。背水坡的巡查往往易被忽视，尤应注意。在背水坡巡查时要注意有无散浸、管涌、流土、裂缝、滑坡等险情。对背河堤脚外 50 ~ 100 m 范围内地面的积水坑塘也要注意巡查，检查有无管涌、流土等现象，并注意观测渗漏的发展情况。堤顶巡查主要观察有无裂缝及穿堤建筑物的土石接合部有无异常情况。

巡堤查险时，熟悉并严格遵守巡堤查险制度。主要制度有巡查制度、值班制度、交接班制度、汇报制度、请假制度、奖惩制度等。

巡堤查险时，每组巡查人员一般为 5 ~ 7 人。出发巡查时，应按迎水坡水面线、堤顶、背水坡、堤腰、堤脚成横排分布前进，严禁出现空白点。要注意“五时”(黎明时、吃饭换班时、天黑时、刮风下雨时、大河落水时)，做好“五到”(眼到、手到、耳到、脚到、工具料物随人到)、“四勤”(眼勤、手勤、耳勤、脚勤)，掌握好“五情”(雨情、水情、工情、物情、险情)、

“三清”(险情查清、险情报清、报警信号记清)、“三快”(险情发现快、险情报告快、险情抢护快)等。

(四)水库、堤坝抢险演练

运用先进、科学的堤坝抢险技术,抢护出现的堤坝漫顶(溢)、散浸、漏洞、管涌、风浪淘刷、岸坡崩塌、决口或涵闸破坏等险情。

(五)水库、堤坝防汛抢险演练总结

水库、堤坝防汛抢险演练结束后,应及时进行总结。防汛抢险演练总结的主要内容包括演练收获、存在问题、演练评定等几个方面。

四、教学方法与手段

该项目采用任务驱动,项目导向,“教、学、练、做”一体化的教学方法。教学手段是校企合作、工学结合、项目教学,由校内教师与水库管理技术人员共同指导演练、评价训练成果。

五、参考实例

实例一 冯家河电站防洪实战演习方案

(一)演习目的

目前,电站已进入主汛期,极端天气情况频繁发生。为有效应对主汛期可能发生的局部突发暴雨及各类防汛突发事件,全面加强电站防汛应急保障工作,根据县防汛抗旱指挥部办公室的通知和电站认真落实、工作到位,不出问题的要求。结合电站防洪的实际情况,特组织一次防洪实战演习。

(二)防洪演习机构的设立

实行统一指挥、分级分部门负责的原则。成立由冯家河电站有限公司经理任组长的防洪领导小组,下设防洪办公室。成立4个专业工作组。

(1)分公司防洪领导小组。

(2)防汛办公室。

(3)专业小组。分为维护抢修组、抢险救护组、物资供应组。

(4)后勤保障组。

(三)防洪演习机构的职责

1.分公司防洪领导小组职责

(1)负责领导、组织全局的防汛工作,做好防汛排涝,抗灾抢险的供电调度,保证抗灾供电。

(2)负责贯彻执行县人民政府防汛指挥部指示,并向上级汇报反映灾情和请求支援。

(3)检查各部门单位平时的防汛准备情况,督促各站做好设备检修、抢修工作,保证电站供电线路畅通。

(4)领导小组人员要深入抗灾抢险第一线,以身作则,率先示范,带领职工共同战斗。发挥政治思想工作的作用,调动职工群众的积极性。保证防汛工作的有序进行。

(5)做好抗灾时期的职工和职工家属慰问和安置工作。

2. 防汛办公室职责

(1)负责接受县防汛指挥部和分公司有关防汛工作的命令和指示,及时向分公司防汛领导小组汇报,并根据分公司防汛领导小组要求及时传达防汛工作的命令、指示。

(2)及时了解防汛情况,负责有关防汛方面外来电话的接听和处理。负责公司灾情损失的统计汇报。

(3)安排好防汛期间的值班。

(4)实行车辆的统一调度指挥,保证防汛用车。

3. 专业小组职责

1)维护抢修组

(1)厂内设备抢修组负责检查厂内设备的防汛准备情况,组织人员对厂内水泵房集水井、水机层集水井、发电机层集水井进行排水准备。

(2)厂外设备抢修组负责检查厂房防洪大门堵水设施是否完好,组织人员对防洪门进行组装、堵水。同时对大坝进厂公路进行巡视。

2)抢险救护组

(1)根据分公司防汛领导小组的布置,负责指挥民兵抢险分队、团委青年突击队投入抗灾抢险工作。

(2)全面负责防汛期间的宣传报道工作,深入抗灾第一线,充分利用多种形式和手段,报道防汛中涌现的先进人物和事迹,鼓舞广大职工的斗志。

3)物资供应组

(1)储存和准备好防洪的必要的物资。

(2)做好防洪期间急需物资的调拨与采购工作。

(3)做好仓库的排涝工作和物资转移与抢救工作。

4)后勤保障组

(1)根据分公司防汛领导小组统一布置,负责安排汛期值班人员、抢险人员生活后勤保障。

(2)加强电站防洪设施的检查,把职工生命财产安全放在首位,做好受灾职工的紧急疏散和安全转移,避免人员伤亡,把灾害可能造成的损失降到最低。

(3)做好防汛期间的医疗卫生和防疫工作。

(四)演习方法和步骤

(1)当日9时,防汛办公室接到冯家河电站运行值长电话,防汛办公室发出紧急通知,通报当日雨情,要求各防汛单位主要领导立即上岗在位,启动电站防汛应急预案,靠前指挥本地区、本部门的抢排险工作,同时,加强值班力量,准备好抢排险队伍,进行区域和责任范围内的巡查工作,对险情险点加强巡视和监控。

(2)9时30分至11时,结合强降雨天气极易发生的险情种类,分别对电站的各种险情发出防洪抢险指令,检验各相关防汛单位履行岗位职责、进行紧急动员、调动抢险队伍、针对险情做出快速反应,及时有效地控制和排除险情的能力。

(五)演习小结和评定

(1)演习计划于当日11时结束,通过防汛办公室宣布演习结束指令。

(2)防汛办组织4个抢险现场观察组实地查看抢排险实施情况,检验排除险情所应具备的时间、人员、物资、车辆条件和处置效果,并写出客观认定材料。

(3)及时通报此次演习的情况,小结演习取得的成果,找出存在问题和不足,并对参加本次演习表现突出的抢险单位提出表扬。

实例二 山东省日照水库防汛工作制度

(一)日照水库防汛值班制度

(1)防汛值班实行领导负责制、值班人员责任制。

(2)值班人员、值班司机要严格按照所排的值班表值班,不得擅自离守。确有事需请假的,至少应提前半天向局长汇报,由局长审批。

(3)值班人员需提前半小时到岗,办理交接班手续;值班司机按值班表时间,及时到岗到位,并要保持车况良好,确保值班领导和值班人员处理公务需要。

(4)值班人员要熟练掌握防汛值班室各种设备操作,熟悉水库工程基本情况和当前防汛工作动态。

(5)值班人员要及时调度雨情、汛情、工情、险情、灾情,及时向领导汇报,及时处理上级下达的文件、领导指示,并做好相关记录;接收、发送电话、传真,要做好记录。

(6)值班时间内,有需处理的文件、指示与汇报,值班人员应首先向值班领导汇报,由值班领导向局长汇报做出相应决定后,再行处理;紧急时期,可根据当时实际情况,先行应急处理,再及时汇报。

(7)值班领导负责对值班人员职责进行安排(职责主要包括值班室值班、主体工程检查等)。遇大雨、风暴等灾害天气,所有值班人员须全部到岗待命。

(8)值班人员、值班司机在值班期间,因玩忽职守,出现责任事故,延误工作的,值班领导要向局长汇报,视情节轻重给予必要的处分,在防汛紧急时期,因责任原因,造成工作重大失误,要追究直接责任人和有关领导的责任,情节严重的追究刑事责任。

(9)值班人员要认真落实此制度,进一步提高对防汛值班重要性的认识,切实搞好水库防汛工作。

(二)日照水库防汛视频监控系统管理制度

日照水库防汛视频监控系统是山东省防汛视频监控系统的组成部分,前端球机分别布置在:溢洪闸左右两岸桥头堡、溢洪道、渔业队、主坝坝弯、老放水洞、宿舍楼顶、办公楼门卫、办公楼顶、小会议室,共同10个摄像机。实现对水库大坝、溢洪闸、放水洞、管理局工作区和生活区的实时监控,实时监控水库的现场水情、灾情及治安状况,水库视频监控中心数据通过光纤宽带网络连接到省防办视频监控中心,实现对水库工程的远程监控。

为加强系统设施管理和水库工程的安全保卫,充分发挥监控系统的作用,确保监控系统、设备的正常运行,特制定本制度。

(1)视频监控室设在四楼机房,监控设备实行专人管理,其他人员不得进行操作,以确保设备安全。

(2)工作人员要有高度的责任心,熟悉系统操作程序,严格执行监控设备和系统操作规范,并定期进行相应的岗位培训和技术学习,加强学习相关的知识,了解系统的技术更新和操作规范。

(3)定时检查软件系统和监控设备运行是否工作正常,及时掌握各种监控信息,对监控中发现的异常情况及时处理和汇报,爱护和管理好各种装备和设施,严格执行操作规程;发现故障要立即查明原因并及时排除,如需专业人员维修或更换设备,应立即联系施工单位进行现场检修,并做好系统的维修记录。

(4)工作人员要做好监控室的卫生保洁工作,保持室内干燥通风;定期对视频镜头的灰尘、蜘蛛网等进行清扫,保持视频图像的清晰。

(5)做好有关监控数据和资料等信息的保密工作,不得在网上散播视频监控录像;不得泄露系统的用户名、密码、地址等,防止未授权人员远程控制设备;未经领导批准不得向他人提供查看监控录像和调阅相关资料。

(6)监控设备运行时确保朝向水库主体工程或重要部位,如进行其他点位的巡视后,务必使摄像机归位到原来的位置,不得随意把摄像机停放在不重要的部位。

(7)用户登录系统后不得任意更改系统的设置参数,不得对录像资料进行随意删除,不得强制使球机进行不间断的连续旋转。

(8)不得随意断开前端设备电源和 UPS 电源,不可将其他用电设备接在 UPS 上,以免损坏设备。如需停电,应事先通知工作人员采取相应措施。

(三)日照水库雨水情自动测报系统工作制度

日照水库雨水情自动测报系统包括雨水情自动采集系统和洪水预报系统,雨水情自动采集系统由水库中心站、中继站、雨量水位站和挑沟雨量站、街头雨量站、三庄雨量站、短波通信;中继站、遥测站工作电源采用太阳能电池板供电。洪水预报系统包括人工干预预报、洪水自动预报和洪水调度三部分。

为确保系统正常运行,规范和加强系统管理工作,特制定《日照水库雨水情自动测报系统工作制度》如下:

(1)工作人员须准时上班,坚守岗位,不断加强业务理论学习,严格遵守各项规章制度和纪律。认真做好每天的"运行记录",及时记录并处理各种不正常情况。对有关设备的运行状态、报警及异常情况等都要做认真记录。保持机房和值班室的整洁,文明办公。

(2)对遥测水情数据应妥善保存,不可随意拷贝给其他单位。每年汛末应将数据库拷贝保存。不得随意清除前置机、后台机的数据,如万不得已,必须经分管领导同意并备案。

(3)每周应检查记录电池电压,电压正常值应保证在额定值的 ±15%,前置机电源电压应在阳光不强时量取(11 ~ 13.6 V),UPS 电池电压应在断掉市电的情况下量取(72 ~ 97 V)。UPS 长期不用时,每隔 15 d 应开机一天。

(4)所有仪器设备、工具、备品备件,应有专人保管,保管人员必须对工作认真负责。仪器设备和工具应登记造册,妥善保管,不得丢失。所有仪器应建立技术档案,仪器使用中发生故障应做记录和说明。所有仪器设备一律不准擅自外借并严禁私自带出机房。

(5)工作人员必须熟悉各设备的操作方法,了解仪器的性能,严格按操作规程及设备说明书的规定，进行各种操作和处理。仪器设备长时间不用，应做好防潮、防尘处理工作，每隔两个月左右将仪器通一次电。仪器设备不用时，应关闭开关切断电源。装有电池的仪器在长时间不用时应取出机内电池，以防流液腐蚀设备。凡因保管不善或操作不当造成仪器丢失或设备损坏，由当事人负责。

(6)工作人员要严格按照《日照水库工程管理制度》进行该系统和各测站的巡查、维护管理工作。

(7)遇有设备故障，要首先向有关领导报告，并及时查明原因，及时加以排除。在未明原因前，不允许盲目拆卸设备，检修时必须按有关规程和设备说明书规定进行。

(8)在进行一般故障的检修时，不应中断整个系统工作。在需翻动雨量计翻斗时，应设法使端机不计数，万不得已时，应在前置机上及时修正该站的雨量累计值。发现有危害整机设备及重要部件的故障时，必须采取紧急措施，确保其他设备、部件不受损害。

(9)检修完毕后，必须详细填写检修记录，并有分管领导的签字。检修记录应及时整编存档。

(10)系统工作人员应与各测站看管人员紧密协作，互相配合，经常向其讲解注意事项，搞好日常维护工作，保证遥测系统设备处于良好运行状态。

(11)如要对设备或系统整体布局作改进，必须提交书面报告，经上级主管部门批准后才能执行。

六、项目报告、考核评价

项目报告、考核评价要求见项目二。

思考题

1. 水库、堤坝防汛准备的内容有哪些？
2. 汛期如何对水库巡堤查险？
3. 水库、堤坝防汛工作制度主要有哪些？
4. 水库、堤坝常见的险情有哪些？每种险情抢护的原则和方法有哪些？
5. 通过本项目训练，你有哪些收获？

项目九　水工监测工职业技能鉴定训练

一、基本知识训练

(一)填空题

1.用视准线法校测工作基点、观测增设的工作基点时，容许误差应不大于___________;观测土工建筑物上的位移标点时，各测回的容许误差应不大于___________。

2.变形观测的正负号规定中，对水平位移，向___________为正，向___________为正;反之为负。对竖向位移，向___________为正，向___________负。对裂缝，___________为正，___________为负。

3.渗流观测资料分析的基本内容有___________、___________、___________、___________、___________和___________。

4.混凝土坝的变形和应力的影响因素主要为___________、___________及___________等四类。

5.引张线观测设备主要由_______、___________、___________等三部分组成。

6.坝体渗流观测中，测压管横断面一般应选择在___________、___________、___________以及___________。

7.用电测水位器观测时的两次读数差，对于大型水库，应不大于___________;对于中型水库，应不大于___________。

8.对坝体测压管，其进水管的长度，对于一般土料与粉细砂，应自设计最高浸润线以上___________至最低浸润线以下___________，以保证在不同库水位时均能反映其所在位置的渗透水头。

9.对于缝宽大于___________，缝长大于___________，缝深大于___________的纵、横向裂缝，都必须进行监测。

10.在竖向位移测点的布置中，控制点位一般采用三级点位、两级控制。即由___________控制___________，由___________控制___________。

11.容积法适用于渗流量小于___________的情况，量水堰法适用于渗流量___________的情况。

12.量水堰一般采用三种形式:三角堰适用于渗流量为___________的情况，梯形堰适用于渗流量___________的情况，矩形堰适用于渗流量大于___________的情况。

13.测流速法适用于渗水能引到平直的排水沟内的情况，通常用___________和___________进行观测。

14.为了解土坝内浸润线的位置变化，以掌握土坝在适用期间的渗透情况，应在坝体埋设____________进行浸润线观测。

15. 坝体的应力是引起____________的主要原因，也是影响____________和____________的一个重要因素。

16. 最常见的渗流破坏类型是____________、____________和____________。

（二）名词解释

1. 一类坝

2. 二类坝

3. 三类坝

4. 正常渗流

5. 异常渗流

6. 水工建筑物的变形观测

7. 挠度观测

8. 测压管的“滞后时间”

9. 扬压力

10. 管涌

（三）判断题

1. 在水头作用下导致坝体和坝基出现渗流现象。（　）
2. 测压管内水位高程不代表该处浸润线的高程。（　）
3. 实测测压管水位与库水位一般呈线性关系。（　）
4. 正常情况下，渗流量与库水位有相应变化，库水位上升，渗流量增大，库水位下降，渗流量减小。（　）
5. 管涌的形式与渗透坡降无关，但与土壤的级配有关。（　）
6. 土坝的坝坡取决于坝高、坝体土料、运用情况、地基条件及坝型等因素。（　）
7. 渗流逸出处的渗透坡降往往很大，最易产生管涌。（　）
8. 混凝土坝的变形和应力的影响因素只有自重、水深、温度三类。（　）
9. 坝体的应力是引起坝体裂缝的主要原因，也是影响坝体安全和整体稳定的一个重要因素。（　）
10. 挠度观测是指坝体垂直面内各不同高程点对于底部基点的水平位移。（　）
11. 由于倒垂线随坝体变形而移动，故埋设在引张线端点作为基准，以观测端点位置的变化。（　）
12. 对裂缝宽度的测定，常用放大镜进行。常用的方法有金属标点和固定千分表两种。（　）
13. 正、倒垂线都可用于大坝挠度测量。（　）

14. 土石坝沉陷变化的主要影响因素是坝体填土。 (　)

15. 活动觇标是置于工作基点上供经纬仪照准的。 (　)

(四)选择题

1. 一般规定,对于土工建筑物,由水准基点校测起测基点时,其往返闭合差不得大于±(　)$\sqrt{n}$ mm (n 为测站数,下同);由起测基点观测垂直位移标点时,其往返闭合差不得大于±(　)$\sqrt{n}$ mm。

A. 0.36　　B. 0.72　　C. 1.20　　D. 1.40

2. 用电测水位器观测时的两次读数差,对于大型水库,应不大于(　)cm;对于中型水库,应不大于(　)cm。

A. 1　　B. 3　　C. 4　　D. 2

3. 坝基渗水压力观测通常应与浸润线观测同时进行。在洪水期,水库水位每上涨(　)m、下降(　)m 增测一次,以掌握渗水压力随库水位相应变化的关系。

A. 2　　B. 1　　C. 0.5　　D. 3

4. 装设堰板的沟槽段,应采取矩形断面。堰身长应大于7倍的堰上最大水头,同时不得小于(　)m。堰板上游的堰身长应大于5倍堰上最大水头,同时不得小于(　)m。

A. 2　　B. 5　　C. 1.5　　D. 7

5. 正垂线观测装置中的重锤的质量一般不超过垂线极限拉应力的(　)。当采用直径为1.0 mm 的钢丝时,重锤质量可为(　)kg。

A. 40%　　B. 30%　　C. 20　　D. 30

6. 进行挠度观测时,每测回应照准两次分别进行读数。一测回中的两次读数差应不大于(　)mm。

A. 0.03　　B. 0.05　　C. 0.01　　D. 0.02

7. 对土石坝渗流观测资料的分析中,当测压管水位与库水位相关过程线的形状为圈套曲线旋转方向向右时,说明在相同库水位下,管水位逐年(　),渗流朝(　)的方向变化。

A. 增高　　B. 降低　　C. 不利　　D. 有利

8. 横向水平位移在一般情况下,坝的上游坝坡向(　)位移,下游坝坡向(　)位移。

A. 左岸　　B. 上游　　C. 右岸　　D. 下游

9. 土坝裂缝观测时,应先对裂缝进行(　),分别观测裂缝的位置、(　)、长度、(　)及深度等项目。

A. 编号　　B. 走向　　C. 宽度　　D. 观测

10. 正常情况下,渗流量与库水位有相应变化。库水位(　),渗流量增大;库水位(　),渗流量减小。

A. 上升　　B. 增大　　C. 下降　　D. 减小

11. 水平位移观测设施设备包括工作基点、(　)、位移标点和(　)。

A. 起测基点　　B. 水准基点　　C. 校核基点　　D. 观测觇标

12. 当测压管中扬压水位高于管口时,常用的观测仪器是(　)。

A. 测沉棒　　B. 测深钟　　C. 电水位器　　D. 压力表或压差计

13. 下列关于视准线法的说法不正确的是(　　)。

A. 观测墩上应设置强制对中底盘

B. 一条视准线只能监测一个测点

C. 对于重力坝,视准线的长度不宜超过 300 m

D. 受大气折光的影响,精度一般较低

14. 测缝计用于监测裂缝的(　　)。

A. 长度　　B. 深度　　C. 走向　　D. 开合度

15. 引张线的测线一般采用直径为 0.8 ~ 1.2 mm 的不锈钢丝,钢丝直径的选择应使极限拉力为所受拉力的(　　)倍。

A. 1.5　　B. 2.0　　C. 2.5　　D. 3.0

(五)简答题

1. 前方交会法观测大坝水平位移的原理是什么?

2. 扬压力观测的目的是什么?

3. 引张线观测的原理是什么?

4. 变形量符号如何确定?

5. 什么叫混凝土和砌石建筑物的扬压力?

6. 坝基渗水压力观测的目的是什么?

7. 减压井观测包括哪些内容?

8. 为什么要进行土石坝浸润线观测?

9. 渗水透明度观测的目的是什么?

10. 渗流破坏的常见类型有哪些?

11. 土石坝沉陷过程中,沉陷量过大指标有哪些?

12. 防止土坝渗透变形的措施有哪些?

13. 全站仪测定土石坝水平位移的原理是什么?

14. 测压管法测定坝体浸润线的原理是什么?

15. 土石坝渗流自动化观测系统的工作原理是什么?

(六)问答题

1. 库水位和测压管水位变化过程线的一般规律是什么?

2. 如何观测渗水的透明度?

3. 土石坝渗流破坏的表现形式有哪些?

4. 坝体混凝土温度的空间分布有哪些特点?

5. 三等水准测量中对测站限差要求有哪些?

6. 为什么要对绕过建筑物两岸的渗透进行观测?

7. 什么情况下,土坝裂缝必须进行观测?

8. 土坝滑坡裂缝具有哪些特征？

9. 如何对渗流观测资料进行综合分析？

10. 混凝土坝及砌石坝渗漏途径有哪些？

11. 土石坝观测资料整理分析的内容有哪些？

12. 混凝土坝及浆砌石坝观测资料整理分析的内容有哪些？

二、实际操作训练

1. 视准线法观测水平位移

主要器材：DJ1 型经纬仪一台及配套脚架，活动觇牌一台，固定觇牌一台，固定工作基点一个，记录板和记录表。

试题：请用视准线法观测水平位移。

时间：全部操作在 30 min 内完成。

2. 小角度法观测水平位移

主要器材：DJ1 型经纬仪一台及配套脚架，固定觇牌一台，活动觇牌一台，固定测站一个，记录板和记录表。

试题：请用小角度法观测水平位移。

时间：全部操作在 30 min 内完成。

3. 电测水位器观测测压管水位

主要器材：电测水位器一台（包括电池、微安表或其他指示器、滚筒、吊索、测头等），测压管一根，记录板和记录纸。

试题：请用电测水位器观测测压管水位。

时间：全部操作在 20 min 内完成。

4. 渗水透明度观测

主要器材：透明管一个，玻璃瓶一个，汉语拼音字母 5 号铅印字体纸一片。

试题：请你观测渗水的透明度。

时间：全部操作在 20 min 内完成。

5. 观测混凝土建筑物伸缩缝

主要器材：三点式金属标点一组，带有测针和水准管的游标卡尺一把，记录板和记录表。

试题：请用游标卡尺观测三点式金属标点的坐标。

时间：全部操作在 30 min 内完成。

参考答案

一、基本知识训练

（一）填空题

1. 2 mm　4 mm

2. 下游　左岸　下　上　张开　闭合

3. 土坝浸润线　渗流量　坝基渗水压力　绕坝渗流　混凝土和砌石建筑物扬压力　渗流水透明度

4. 自重　水深　温度　时效

5. 测线　端点装置　位移观测点

6. 最大坝高处　合龙段　原河床　地形地质情况特别复杂处

7. 1 cm　2 cm

8. 0.5 m　1.0 m

9. 5 mm　5 m　2 m

10. 水准基点　起测基点　起测基点　位移测点

11. 1 L/s　1 ~ 300 L/s

12. 1 ~ 70 L/s　10 ~ 300 L/s　50 L/s

13. 流速仪法　浮标法

14. 测压管

15. 坝体裂缝　坝体安全　整体稳定

16. 管涌　流土　接触冲刷

（二）名词解释

1. 一类坝：实际抗御洪水标准达到《防洪标准》（GB 50201—94）规定，大坝工作状态正常;工程无重大质量问题,能按设计正常运行的大坝。

2. 二类坝:实际抗御洪水标准不低于部颁水利枢纽工程除险加固近期非常运用洪水标准,但达不到《防洪标准》(GB 50201—94)规定;大坝工作状态基本正常,在一定控制运用条件下能安全运行的大坝。

3. 三类坝:实际抗御洪水标准低于部颁水利枢纽工程除险加固近期非常运用洪水标准,或者工程存在较严重安全隐患,不能按设计正常运行的大坝。

4. 正常渗流:渗水从坝体原有防渗排水设施渗出,其逸出坡降不大于允许值,不会引起土体发生渗透破坏的渗流。

5. 异常渗流:能引起土体渗透破坏或渗流量影响到蓄水兴利的渗流。

6. 水工建筑物的变形观测:在水工建筑物上安设固定标点,观测其铅直和水平方向的位置变化值。

7. 挠度观测:观测坝体垂直面内各不同高程点对于底部基点的水平位移。

8. 测压管的"滞后时间":用测压管反映渗流的变化时,测压管水位由某一稳定值开始发生变化(上升或下降)的时刻往往比库水位开始变化的时刻来得晚,两者的时间差一般称作测压管的"滞后时间"。

9. 扬压力:建筑物处于尾水位以下部分所受的浮力和在上下游水位差作用下,水从基底及岩石裂缝中自上游向下游所产生的向上的渗透压力的合力。

10. 管涌:在堤坝背水坡脚附近,或堤脚以外的洼坑、水沟、稻田中出现孔眼冒砂翻水的现象称为管涌,又称泡泉。由于冒砂处往往形成"砂环",故又称土沸或砂沸。

(三)判断题

1. √ 2. × 3. × 4. √ 5. × 6. √ 7. √ 8. × 9. √ 10. √ 11. × 12. √ 13. √ 14. × 15. ×

(四)选择题

1. BD 2. AD 3. BC 4. AC 5. BC 6. C 7. AC 8. BD 9. ABC 10. AC 11. CD 12. D 13. B 14. D 15. B

(五)简答题

1. 答:前方交会(仅指测角交会)法是利用两个或三个已知坐标的固定工作基点,通过测定水平角确定位移标点的坐标变化,从而了解位移标点的位移情况。

2. 答:校核设计闸坝时所采用的计算扬压力的方法和数据是否合理,掌握闸坝实际扬压力的大小、分布和变化,据以判断建筑物是否稳定。发现扬压力超过设计值,即可及时采取补救措施。

3. 答:引张线法是在坝体廊道两端的基岩上浇筑固定基点,在两固定基点间拉紧一根不锈钢丝作为基准线,然后定期测量坝体廊道内各位移标点相对此基准线的偏离值的变化,从而计算水平位移值。

4. 答:(1)水平位移:向下游为正,向左岸为正,反之为负。(2)船闸闸墙的水平位移:向闸室中心为正,反之为负。(3)垂直位移:下沉为正,上升为负。(4)倾斜:向下游转动为正,向左岸转动为正,反之为负。(5)接缝和裂缝开合度:张开为正,闭合为负。

5. 答:混凝土和砌石建筑物的扬压力是指建筑物处于尾水位以下部分所受的浮力和

在上下游水位差作用下，水从基底及岩石裂缝中自上游向下游所产生的向上的渗透压力的合力。

6. 答：了解坝基渗水压力的分布，监视土石坝防渗和排水设备的工作情况，估算坝基渗流实际的水力坡降，判断运行期间有无管涌、流土及接触冲刷等渗透破坏的问题。

7. 答：(1)应进行减压井涌水透明度观测。(2)减压井淤积量观测。(3)减压井堵水试验，用以研究减压井排水效果以及万一排水失效后对坝基渗水压力的影响。(4)井内水位低于井口的减压井，应进行井水位观测。

8. 答：为了了解土坝内浸润线的位置变化，以掌握土坝在运用期间的渗透情况，应在坝体埋设测压管，进行浸润线观测。

9. 答：为了判断排水设备的工作情况是否正常，及时发现内部冲刷和管涌现象，应对土坝坝基的渗水进行透明度观测。

10. 答：(1)管涌。(2)流土。(3)接触冲刷。

11. 答：一般采用竣工后相对沉陷率为3%和竣工后第一年沉陷率为0.5%作为衡量"过大沉陷"的参考指标。

12. 答：一方面降低渗透坡降，从而减小渗流流速和渗透压力；另一方面增加渗流逸出处土体抵抗渗透变形的能力。

一般采用的具体措施有：(1)设置防渗设备。(2)设置减压设备和盖重。(3)设置反滤层。

13. 答：全站仪测定土石坝水平位移的原理(三维坐标测量)是在大坝的下游布设控制点 A、B，在大坝上布设变形监测点 P，建立三维坐标系，利用全站仪进行边角交会，然后编制测量平差程序，解析变形点的三维坐标，求出三维变量。

14. 答：在坝体选择有代表性的横断面，埋设适当数量的测压管，通过测量测压管中的水位来获得坝体浸润线位置。

15. 答：将坝体测压管监测点的数据，通过 GSM 智能遥测终端，将数据送至移动通信服务中心，服务中心将数据转送至水库管理中心接收模块，接收到的数据经软硬件设备分析处理后，可对各监测点实现远程数据定时测报、各种报表资料生成打印、系统数据分析、现场及中心数据双重保存备份、历史数据的查询、远程设备的实时监控及中心指令控制等各项功能，从而实现对大坝测压管水位自动化观测。

(六)问答题

1. 答：测压管的水位随着库水位的涨落而相应变化，而且管水位往往比库水位滞后一段时间。滞后时间长的，说明土料好，坝体密实些；滞后时间短的，甚至同时反应的，则说明土料透水性强或坝体松散。若在某一时段发现测压管水位没有与库水位相应变化，而突然升高并持续恶化，又找不到其他客观因素，就应加以警惕。特别应注意检查是否已出现滑坡或反滤失效等情况。

2. 答：渗水透明度的检定通常用透明度管来进行。(1)在渗水出口处取水样摇匀后注入透明度管内。(2)预制一块五号汉语拼音铅印字体底板，置于管底下 4 cm 处。(3)从管口通过水样观看铅印字体，如看不清字样，即开阀门放水，降低管中水柱，直到看清字样。(4)看清字样后，即可从管壁刻度上读出水柱高度，即为渗水透明度。透明度大于30 cm的为清水,透明度小,说明水样中含沙量大,渗水浑浊。(5)有条件的单位,可事先率定出透明度和含沙量的关系,检定渗水透明度后,即可查得渗水的含沙量。

3. 答:(1)砂层地基承压水顶穿表层弱透水层,首先发生局部的流土、管涌,并继续向地基的上游发展成连通的管道。(2)背水坡大面积砂沸,使坝脚软化引起塌滑。(3)渗流出逸点太高,超过下游排水设备顶部而在下游坝坡上逸出时,则将在下游坝面造成大片散浸区,使坝体填土湿软,或引起坝坡丧失稳定。(4)上游水位骤降,速度超过设计允许值,坝体含水不能及时排出,形成较大的孔隙水压力,在下降水位附近滑坡。(5)在防渗铺盖处或坝体某部位产生裂缝,造成漏水短路,增加了渗透压力或形成集中渗流,以致破坏。

4. 答:(1)坝下游侧的等温线和下游坝面大体平等,即距下游等深处的温度大致相等。(2)坝上游侧水下部分等温线除个别月份外,均与坝面相交,随所处水深及离坝面深度而变化。(3)等温线靠坝外表较密而内部较稀,说明温度变化在近外表处较大而内部较小。(4)冬春季节,坝体表层温度低于内部温度;夏秋季节,坝体表层温度则高于内部温度。

5. 答:(1)三等水准测量前后视距不超过75 m。(2)前后视距不等差不超过2 m。(3)前后视距不等差累计值不超过5 m。(4)同一根尺黑红面读数差(K+黑-红)不超过2 mm。(5)同一站黑红面所测高差之差不超过3 mm。(6)视线离地面高度应超过0.3 m。

6. 答:为了及时了解绕过土坝两岸及土坝与混凝土建筑物连接部分的渗透情况,以判断上述地区的防渗和排水设备的作用,防止发生不正常渗透而影响工程安全,应在上述地带埋设测压管,观测渗流水面线的变化。

7. 答:对于缝宽大于5 mm,或缝宽虽小于5 mm,但长度大于5 m,深度大于2 m或穿过坝轴线的裂缝、弧形裂缝、明显的垂直错缝,以及与混凝土建筑物连接处的裂缝,必须进行观测。

8. 答:(1)裂缝两端向坝坡下部弯曲,缝呈弧形。(2)裂缝两侧产生相对错动,挖坑查裂缝下端往往向坝址方向弯曲,并可看出明显擦痕。(3)缝宽与缝距的发展逐渐加快与沉陷裂缝的发展随时间而减缓显然不同。(4)滑坡裂缝的下部往往有隆起现象。

9. 答:(1)测压管水位降低,渗流量相应减小。一般情况是上游管水位降低幅度大,滞后时间长,说明渗流条件改善,有利于安全。(2)测压管水位降低,且靠下游部位水位下降幅度大,渗流量增加。此种情况很可能是渗流出口处产生渗透变形,须查明原因。(3)测压管水位逐步抬高,且下游部位升幅大,渗流量减小。这种情况可能是排水反滤失效或被堵塞,使坝体浸润线抬高,对坝坡稳定不利。(4)测压管水位逐步抬高,上游部位管水位升幅较大且渗流量相应增大。这种情况可能是上游部位防渗体出现裂缝或渗流薄弱带。

10. 答:(1)从上游坝面渗入坝体,经坝体排水管排出的漏水。(2)经过基岩与坝体接触面以及透过基岩并绕过或穿过帷幕渗漏,再经坝基排水孔涌出的漏水。(3)沿防渗处理不佳的横缝、水平浇筑缝以及与上游坝面串通的裂隙入渗,并从廊道或下游坝面渗出的漏水。(4)绕过坝底防、排水设施,从基岩排向下游的漏水。(5)绕过坝的两端,由岸坡岩石渗向下游的漏水。

11. 答:(1)土石坝变形观测资料整理分析,运用时间过程统计分析法、空间分布统计分析法、相关因素统计分析法、比较分析法、数学模型法等分析方法，绘制土石坝基本变形曲线图，以分析、诊断土石坝变形是否正常，有无裂缝、滑坡等病害。土石坝基本变形曲线图包括：①累计水平位移和垂直位移过程线；②垂直位移分布图，包括纵断面垂直位移分布图、横断面垂直位移分布图、垂直位移等值线图等；③水平位移平面分布图。(2)土石坝渗流观测资料整理分析，运用时间过程统计分析法、空间分布统计分析法、相关因素统计分析法、比较分析法、数学模型法等分析方法，绘制土石坝渗流有关曲线图，以分析、诊断土石坝渗流是否正常，有无裂缝、渗漏等病害。土石坝渗流观测资料分析包括：①绘制测压管水位过程线；②实测浸润线与设计浸润线对比分析；③特定水位下管水位的对比分析；④由测压管水位推算渗透系数；⑤测压管水位与库水位相关分析；⑥绘制渗水压力等值线图。

12. 答：(1)混凝土坝及浆砌石坝变形观测资料整理分析，运用时间过程统计分析法、空间分布统计分析法、相关因素统计分析法、比较分析法、数学模型法等分析方法，绘制混凝土坝及浆砌石坝测值过程线、分布图和相关图等，以分析、诊断混凝土坝及浆砌石坝变形是否正常，有无裂缝等病害。混凝土坝及浆砌石坝水平位移有关曲线图包括：①水平位移过程线；②水平位移分布图；③挠度曲线。混凝土坝及浆砌石坝垂直位移有关曲线图包括：①垂直位移过程线；②垂直位移分布图；③垂直位移与温度或库水位相关图。(2)混凝土坝及浆砌石坝坝基扬压力观测资料整理分析运用时间过程统计分析法、空间分布统计分析法、相关因素统计分析法、比较分析法、数学模型法等分析方法，绘制混凝土坝及浆砌石坝坝基扬压力有关曲线图，以分析、诊断混凝土坝及浆砌石坝坝基扬压力是否正常，有无坝基渗漏等病害。混凝土坝及浆砌石坝坝基扬压力有关曲线图包括：①扬压力过程线；②扬压力分布图；③扬压力相关图。

二、实际操作训练

1. 操作：(1)支立脚架，架头大致水平，高度适中。(2)将仪器从箱中取出，正确连接经纬仪与脚架。(3)将经纬仪安置在工作基点上，对中、整平。(4)照准固定觇牌，形成视准线，待活动觇牌整平后，移动活动觇牌观测水平位移。(5)按格式记录、计算。(6)技术要求：经纬仪对中误差不大于3 mm，水准管气泡偏离不超过一格。取上半测回观测值均值为一测回观测值，要求观测二测回，其测回差不得大于3 mm。

2. 操作：(1)支立脚架，架头大致水平，高度适中。(2)将仪器从箱中取出，正确连接经纬仪与脚架。(3)将经纬仪安置在工作基点上，对中、整平。(4)首先将觇牌整平，然后照准固定觇牌和活动觇牌读取水平度盘整数，上述两方向观测值之差为小角度β半测回观测值。(5)按格式记录、计算。(6)技术要求：望远镜照准觇牌，两次读数差不超过0.5″；上下半测回小角度值较差不大于3″；观测两个测回，各测回小角值较差不超过2″。(7)将仪器放回箱中。

3. 操作：(1)将测头徐徐放入管内。(2)测头与水面接触，趁指示器开始反应的瞬间，捏住与管口相平处的吊索。(3)量读管中至管中水面的距离，米数可由吊索直接读得，厘米数用钢卷尺量得。(4)计算测压管水位高程。(5)技术要求：要求观测两次，两次测值之差不大于1 cm，且与事先测得的标准值之差不大于1 cm。

4. 操作：(1)在渗透水的出口处用玻璃瓶取水样摇匀后注入透明度管中。(2)从管口上端通过管中上端观看铅印字体，铅印字体应放在透明度管底以下4 cm处的白色底板上。(3)如看不清字体，则打开放水阀门，降低管中水柱，直到在管口上端看清字体时，再关闭放水阀门。(4)从管壁刻度上读出管中水柱高度，即为渗水透明度。(5)观测透明度后，根据透明度与含泥量的关系(预先试验率定)，可查出渗透水的含泥量。(6)对同一水质测两次。(7)技术要求：透明度两次观测值之差不得大于1 cm，所得含泥量与标准测值相对误差不得超过±5%。

5. 操作：(1)用游标卡尺测出各标点之间的水平距离，计入记录表。(2)用游标长尺测出各标点之间的高差，计入记录表。(3)计算出以 *C* 点(伸缩缝一侧独有的一个标点)为原点时标点 *A*、*B* 的坐标，计入记录表。(4)再测一次 *A*、*B* 的坐标。(5)技术要求：两次测得的 *A*、*B* 坐标之差在三个方向上均不得超过1 mm。

项目十 闸门运行工职业技能鉴定训练

一、基本知识训练

(一)填空题

1. 闸门表面附着物、泥沙、污垢、杂物等应____________,闸门的连接坚固件应____________。

2. 水闸的检查工作包括____________、____________、____________和____________。

3. 工作在淡水中的钢闸门,采用金属喷镀方法防腐时,所采用的金属一般选用____________,而海水中则选用铝、铝合金或铝基合金。

4. 金属结构防腐工艺中,表面处理的主要目的是使涂料或金属喷镀层与金属结构表面具有良好的____________。

5. 闸门的检修可分为____________、____________和____________。

6. 闸门止水的修理方法有两种:一种是____________,另一种是____________。

7. 在潮湿的环境中,为了防止钢丝绳锈蚀,应采用____________钢丝绳。

8. 在液压启闭机的维护修理工作中,第一重要的工作是保持____________。

9. 过闸流量必须与下游水位相适应,使水跃发生在____________内。

10. 各种形式的水闸的组成部分相类似,一般由____________、____________和____________组成。

11. 水闸是一种低水头的建筑物,它具有____________和____________的双重作用。

12. 平原区水闸枢纽工程根据水闸最大过闸流量及其防护对象和重要性划分为____________个等级。

13. 平原地区土基上的水闸一般都采用底流式消能方式,底流式消能一般由____________、____________、____________等部分组成。

14. 工作闸门的操作应合理控制闸门开度,使过闸流量与下游水位相适应,一般初始开启高度宜控制在____________,最大不宜超过____________。

15. 液压启闭机油泵的常见故障有油泵噪声、油压不足或无油压、油液排量不足或无排量,以及____________等。

(二)判断题

1. 利用液压油缸可以实现回转运动。 ( )

2. 定期检查、特别检查、安全鉴定结束之后,应根据成果做出检查、鉴定报告,报上级主管部门。 ( )

3. 闸门发生腐蚀,主要取决于外界环境状况,如空气中所含的酸性、碱性物质,水质、

水温、水的 pH 值，钢铁表面防腐涂层的好坏等，与本身的材质无关。（　）

4. 水工钢闸门的镀层厚度一般为：淡水中 200 μm，海水中 300 μm。喷镀工作完成后一般要趁热在镀层上封闭一层涂料，其目的是保护镀层，封闭镀层空隙，提高防腐效果。（　）

5. 钢结构在喷镀之前一般要对金属结构表面进行预处理，如喷砂等，其主要目的是清除表面杂物，使金属体表面具有一定的粗糙度，增强镀层与金属母体的结合面积，提高黏结强度。（　）

6. 表面预处理方法中，按照反应性质可分为物理方法和化学方法两种；按照工作性质可分为机械、化学和人工三类。（　）

7. 由于受到闸门振动、水流冲击等影响，埋件容易产生松动，对松动的埋件应及时加固牢固。（　）

8. 钢丝绳需要定期进行维护，其周期一般为一年。（　）

9. 消力池具有增加下游水深、消除水流能量和保护水跃范围内的河床免受冲刷的作用。（　）

10. 卷扬式启闭机运行时，不得在无电源情况下单独打开制动器下降闸门。（　）

（三）选择题

1. 闸门安装完成之后，应在（　）条件下进行全行程启闭试验。

A. 无水情况　B. 设计水头　C. 1/2 设计水头　D. 2/3 设计水头

2. 水闸控制运用，应按照批准的控制运用计划或（　）。

A. 上级主管部门的指令　B. 有管辖权的人民政府的指令

C. 用水单位的用水申请　D. 主管领导的指令

3. 水闸管理单位应经常对建筑物各部位、闸门、启闭机、机电设备、通信设备、管理范围内的河道、堤防、拦河坝水流形态等进行检查，检查周期不超过（　）。

A. 一周　B. 一月　C. 一季　D. 半年

4. 要使水工钢闸门表面达到一级处理标准，最好的方法是采用（　）方法进行除锈。

A. 人工处理　B. 机械处理　C. 喷砂处理　D. 火焰处理

5. 下列叙述中，（　）是错误的。

A. 过闸水流必须与下游水位相适应

B. 过闸水流应平稳，避免发生集中水流，允许出现回流

C. 关闸或减少过闸流量时，应避免下游水位降落过快

D. 避免闸门停留在振动位置

6. 经过修补的水泥闸门，应对新补的砂浆面进行养护，待强度达到（　）以上时，方可使用。

A. 50%　B. 60%　C. 70%　D. 80%

7. 液压油污染的检测方法较多，现场维护多采用（　）。

A. 目测法　B. 比色法　C. 称重法　D. 计数法

8. 发现液压油氧化变质，则应（　）。

A. 继续使用一段时间　B. 分离水分后继续使用

C. 过滤后使用　　　　　　D. 全部换油

9. 拦河建造,枯水期截断河流提高水位,洪水期控制下泄流量,这种水闸称为(　)。

A. 取水闸　　B. 分洪闸　　C. 排水闸　　D. 节制闸

10. 钢闸门采用喷涂金属作防腐层时,淡水中的闸门的喷涂金属宜选用(　)。

A. 锌　　B. 铝　　C. 铝基合金　　D. 锌基合金

(四)简答题

1. 简述闸门操作的基本要求。

2. 水工闸门橡胶止水的修理方法有几种?

3. 液压油缸常见的故障有哪些?

4. 螺杆启闭机的维护工作内容有哪些?

5. 闸门启闭前应做好哪些准备工作?

6. 拦污栅机器设备的修理内容有哪些?

7. 水闸的两岸连接建筑物主要有哪些?有何作用?

8. 基于 PLC 的闸门自动启闭系统的工作原理是什么?

(五)问答题

1. 液压缸压力不足故障的原因和排除方法有哪些?

2. 水工钢闸门喷镀金属防腐时,镀层质量检查的内容和标准有哪些?

3. 水闸观测工作的任务有哪些?

4. 多孔闸门的操作原则有哪些?

5. 水闸自动化控制系统的组成及作用(功能)有哪些?

二、实际操作训练

1. 操作液压启闭机

主要器材:液压启闭机一台及配套设备,记录板和记录表。

试题:请操作液压启闭机。

时间:全部操作在 20 min 内完成。

2. PLC 系统自动启闭闸门

主要器材:PLC 闸门自动启闭系统,记录板和记录表。

试题:请用 PLC 系统自动启闭闸门。

时间:全部操作在 30 min 内完成。

参考答案

一、基本知识训练

(一)填空题

1. 定期清除　保持牢固
2. 经常检查　定期检查　特别检查　安全鉴定
3. 锌
4. 附着力
5. 小修　大修　抢修
6. 局部修理　全部更新
7. 镀锌
8. 油液清洁
9. 消力池
10. 上游连接段　闸室段　下游连接段
11. 拦水　泄水
12. 5
13. 消力池　海漫　防冲槽
14. 0.2 ~ 0.3 m　0.5 m
15. 油温升高

(二)判断题

1. √　2. √　3. ×　4. √　5. √　6. √　7. √　8. √　9. √　10. √

(三)选择题

1. A　2. A　3. B　4. C　5. B　6. C　7. A　8. D　9. D　10. A

(四)简答题

1. 答:(1)过闸流量必须与下游水位相适应,使水跃发生在消力池内。(2)过闸流量应平稳,避免发生集中水流、折冲水流、回流、旋涡等不良流态。(3)关闸或减少过闸流量时,应避免下游河道水位降落过快。(4)避免闸门停留在发生振动的位置运用。

2. 答:(1)橡胶止水使用日久老化,失去弹性或严重磨损、变形而失去止水作用时,应更换新件。(2)止水预埋件安装不良,使橡皮局部撕裂,除应修缮埋件外,可以对止水橡皮进行局部修理。(3)闸门顶、侧止水的止水橡皮与门槽止水座板接触不紧密而有缝隙时,可在止水橡皮固定部位的底部,加垫适当厚度的垫板(橡皮过扁铁板)进行调整。

3. 答:液压油缸常见的故障包括:(1)启闭力不足。(2)动作不稳定而爬行。(3)油液泄漏。(4)液压冲压产生异常音响。(5)振动。

4. 答:(1)定期和适时向机体内补加、更换润滑油。(2)定期清除螺杆上的旧油层,清洗之后涂抹润滑油。(3)适当增加对螺杆外露部分的清洗、涂抹次数,除去泥沙、灰层。(4)为防止螺杆弯曲,应在螺杆螺丝端闸门行程的顶端,校正行程后固定限位螺母。(5)定期校验或调整闸门开度指示器和限位装置,保持指示准确,动作灵活可靠。

5. 答:(1)对管理范围内停靠的船舶、竹木筏等,应予妥善处理。(2)检查闸门启、闭状态,有无卡阻。(3)检查机、电、启闭设备是否符合运转要求。(4)观察上下游水位、流态,查对流量。

6. 答:(1)定期将拦污栅提出,清除污物、除锈、涂防腐漆。(2)定期检修清污机械,包括电动机或油压机、机械传动部分的检修及注油润滑等。(3)随时检查通电线路的安全。(4)随时检查清污机械的运转安全,及时将清污机械带至平台上的污物运走。

7. 答:水闸的两岸连接建筑物主要由上、下游翼墙和边墩或岸墙组成。主要作用是挡土、保护河岸免受过闸水流的冲刷;引导水流平顺地过闸,使过闸水流均匀扩散;控制闸室侧向绕流,防止绕流引起渗透变形。

8. 答:基于PLC(Programmable Logic Controller,可编程逻辑控制器)的闸门自动启闭系统主要由闸门、启闭机、现场监控设备、数据采集设备、数据传输设备及远程控制室监控设备等组成,为闸门、启闭机提供现地及远程控制,同时监视闸门的工作状态及相关参数。该系统采用总线控制模式,实现闸门的远程集中控制。系统最高层位为计算机监控层,它包括计算机、交换机,通过光纤网,实现各设备之间的通信。控制层由PLC来完成,它负责闸门开度、上游水位、设备参数等数据的实时采集,按照相关指令,输出闸门的上下动作,将采集的数据传输给监控计算机。

(五)问答题

1. 答:(1)油泵打不出压力油或打出的油液压力不足,这可能是油泵反转,零件损坏或吸油管阻力过大、漏气等,应检查油泵的工作状况。(2)溢流阀故障,如阀芯卡住或其他控制阀动作不灵,应检查、修复或更换零件。(3)油缸中密封不好或磨损过大,节流小孔、阀口等堵塞,造成漏油严重,应检查管路和油缸的工作情况。(4)溢流阀接法错误,如将卸荷口直接接油箱,会造成系统无压力,应检查纠正。

2. 答:(1)表面检查。用目测和放大镜观察颗粒的粗细和均匀程度,如发现有较大的金属球,必须铲掉,重新喷镀。(2)附着力检查。用小刀或铁件家具剔刮,镀层应仅露出银白色的光泽划痕,不得有成片的脱落。(3)孔隙检查。清除镀层表面的灰尘后,将浸有10 g/L的氯化纳溶液的混合溶液的滤纸覆盖在镀层上,5~10 min后,滤纸上若有蓝色斑点出现,说明此处有空隙,一般以蓝色斑点不多于3点/cm^2为合格。(4)检测镀层厚度应满足要求。采用无损检测,抽测面积为总面积的10%,抽测面积中每平方米测点不少于4点。测点厚度不小于设计厚度的75%。小于设计厚度的测点数不得超过测点数的1/4,否则应进行补喷或重喷。

3. 答:(1)监视水闸运行期间的状态变化和工作情况。发现不正常现象时,及时分析原因,采取措施,防止发生事故,并改善运行方式,保证工程安全。(2)及时掌握施工期间水闸的状态变化,用以指导施工,保证工程质量。(3)分析研究观测资料,掌握运用情况和变化规律,验证原设计及试验的数据,提高设计水平,并为科学研究提供第一手资料。

对于大中型水闸,必须观测的项目是:垂直位移、扬压力、裂缝、河床变形、水位流量、混凝土碳化。对于某些水闸,可增加水平位移的观测。

4. 答:多孔水闸的控制运用,应按照批准的控制运用办法或试验确定的运行方式操作,并按照对称、同步、等高的原则进行。(1)对称开启。当需要多孔闸门全部开启时,一般由中间孔先开启0.2~0.3 m,依次向两边开启同样高度,待过闸水流平顺后,再逐步提升。当只需开启部分闸门时,一般只开中孔闸门。(2)同步操作。多孔闸门在启闭运用过程中,对于设有自动化控制的水闸,同步运用较易实现,操作人员在控制室内即可实现对每孔闸门的启闭操作。但对人工操作启闭的闸门较难做到。无论何种操作形式,应尽可能做到同步运行。(3)等高控制。等高控制是指闸门每次开启的高度都应该一致,这样才能保证在相同水位下,各闸孔的过流量相同,才能保持水流的平稳。

5. 答:水闸的自动化控制一般由闸门控制、水位监测、视频监控和语音查询等四大系统组成。它们能够远程实时监控闸上与闸下水位、自动控制闸门位置、动态显示各种技术参数、发现异常及时报警,还能通过电视机或大屏幕投影机显示闸门与河道图像,并且具有计算机远程监控和语音查询等项功能。

二、实际操作训练

1. 操作:(1)打开有关阀门,并将换向阀扳至所需位置。(2)打开锁定装置,合上电气开关,启动油泵。(3)逐渐关闭回油控制阀升压,开始运行闸门。(4)在运行中若需改变闸门运行方向,应先打开回油控制阀至极限,然后扳动换向阀换向。(5)停机前,应先逐步打开回油阀,当闸门达到上、下极限位置,而压力再升时,应立即将回油控制阀升至极限位置。(6)停机后,应将换向阀扳至停止位置,关闭所有阀门,锁好锁定,切断电源。

2. 操作:(1)把油泵控制和闸门控制的切换开关转到“自动”位置,自动控制是通过PLC来控制的。

闸门开启:首先在“预设开度”设定需要的开度,按下面板上的闸门“开启”按钮,PLC启动油泵,延时10 s后,接通建压和启门电磁阀,闸门开启。PLC同时监控系统压力、有杆腔压力、无杆腔压力、油温、油位等信号,闸门启到预设开度或按下停止按钮,切断电磁阀,闸门停止,延时3 s后停止油泵。

闸门关闭:先在“预设开度”设定需要的开度,按下面板上的闸门“关闭”按钮,PLC启动油泵,延时10 s后,接通建压和启门电磁阀,闸门关闭。PLC同时监控系统压力、有杆腔压力、无杆腔压力、油温、油位等信号,闸门到达预设开度或按下停止按钮,切断电磁阀,闸门停止,延时3 s后停止油泵。

闸门停止:在闸门开启和关闭的过程中,任何时候按下“停止”按钮,闸门启闭就会停止。

油泵切换:油泵每启动一次,就自动轮换一次,一台有故障或没有在“自动”位置,另一台就自动补上成为工作泵。

复归:复归按钮用来清除PLC内的故障报警信息。系统会保持故障信号,以便对故障进行检查。

点动“复归”按钮对故障信息复归,长按10 s对运行的统计数据复归。当PLC发出了故障报警，并停机，排除故障后，按"复归"按钮，系统才能重新启动。

(2)远方控制。把油泵切换开关转到"自动"位置，闸门切换开关转到"远方"位置，闸门就能通过远方集控/LCU两种方式来控制，现地就不能对闸门进行操作。

远方控制方式时，通过集控/LCU以硬接点的方式向PLC发开启、关闭、停止指令，再由PLC来完成相应的操作。远方控制时现地不能对闸门进行操作。

远方控制时，集控/LCU发出"提升"指令，系统自动启泵，延时提升闸门，直到集控/LCU发出"停止"指令，闸门停止。如果集控/LCU没有发出"停止"指令，闸门将启动到全开位置才停止。

远方控制时，集控/LCU发出"下降"指令，系统自动启泵，延时下降闸门，直到集控/LCU发出"停止"指令，闸门停止。如果集控/LCU没有发出"停止"指令，闸门将启动到全关位置才停止。

参考文献

[1] 赵朝云.水工建筑物的运行与维护[M].北京:中国水利水电出版社,2005.
[2] 梅孝威.水利工程管理[M].北京:中国水利水电出版社,2005.
[3] 陈浩. 水利工程管理[M]. 北京:中国水利水电出版社,1997.
[4] 王立民.水工建筑物检测与维修[M].北京:水利电力出版社,1991.
[5] 梅孝威.水利工程技术管理[M].北京:中国水利水电出版社,2000.
[6] 郑万勇.水利工程管理技术[M].西安:西北大学出版社,2002.
[7] 梅孝威.水工监测工[M].郑州:黄河水利出版社,1996.
[8] 石自堂.水利工程管理[M].武汉:武汉水利电力大学出版社,2000.
[9] 牛运光.土坝安全与加固[M].北京:中国水利水电出版社,1998.
[10] 黄国新,陈政新.水工混凝土建筑物修补技术及应用[M]. 北京:中国水利水电出版社,2000.
[11] 朱岐武.水文与水利水电规划[M].郑州:黄河水利出版社,2003.
[12] 马文英.水工建筑物[M]. 郑州: 黄河水利出版社, 2003.
[13] 郑万勇.水工建筑物[M]. 郑州: 黄河水利出版社, 2003.
[14] 钟汉华,冷涛.水利水电工程施工技术[M].北京:中国水利水电出版社,2006.
[15] 温随群.水利工程管理[M].北京:中央广播电视大学出版社,2010.
[16] 杜守建,周长勇.水利工程技术管理[M]. 郑州: 黄河水利出版社, 2013.
[17] 胡昱玲,毕守一.水工建筑物检测与维护[M].北京:中国水利水电出版社,2010.
[18] 冯广志.水利技术标准汇编(灌溉排水篇)[G].北京:中国水利水电出版社,2002.
[19] 吴季松,冯广志.水利技术标准汇编(供水节水篇)[G].北京:中国水利水电出版社,2002.
[20] 涂兴怀.工种施工实习实训[M].北京:中国水利水电出版社,2003.
[21] 中华人民共和国水利部.SL 570—2013 水利水电工程管理技术术语[S].北京:中国水利水电出版社,2013.
[22] 中华人民共和国人力资源和社会保障部.国家职业技能标准:水工监测工(2010年修订)[S].北京:中国劳动社会保障出版社,2013.
[23] 王玫.闸门运行工[M].郑州:黄河水利出版社,2013.